手工皂制作全图解

陕西新华出版传媒集团
太白文艺出版社

手工皂
The Handmade Soap

推荐序

这是一本充满“香气”的书

各位读者，你们好啊，我是彭佳慧。

认识佳孟缘于我的妹妹，因为她说佳孟是她在屏东难能可贵的好朋友。可以说佳孟拯救了我的母乳。我记得在生双胞胎之后，努力地喂了他们四个多月的母乳，在这期间，我喉咙出了点儿问题，医生开的药当中包含了一些类固醇，但我不愿因此停喂母乳，所以立刻想到佳孟。于是我把母乳挤出来寄到屏东，让她把我的“爱”，加上她的巧手，加工成了“母乳皂”。这样等到停药之后，不但可以继续哺乳，而且还可以把母乳皂分送给亲朋好友。真是一举多得啊！

就这样，那时候我与佳孟交往密切。我眼中的她是个好太太，因为她总是以夫为贵；是个好妈妈，因为她总是给孩子无限的空间发挥所长；是个好游泳教练，因为除了身材好，在水里像美人鱼之外，她在教学时也毫不含糊，总是一小时游到脚都快抽筋了；最重要的是，她是个好朋友，把朋友的事当成自己的事看待，讲义气得很。这样相夫教子、秀外慧中、才貌双全的女子，还会写书、做手工皂，真是太优秀啦！说真的，以上都是肺腑之言，我真的好喜欢佳孟。

她的创作如她的生活般简单，但又令人感动，希望你我身边都存在着一个这样令人着迷、让人充满幸福感的好朋友。

这本有“香气”的书，真心地与您分享。

铁肺歌后　彭佳慧

手工皂

The Handmade Soap

作者序

就是爱分享

自从接触手工皂制作后，我深深地发现，手工皂是一种源自生活的创意与艺术，不仅能让生活变得更有趣，也能让自己变得更有情趣。每每成功制作出手工皂时，我总是迫不及待地与家人、朋友分享，在分享的同时，也不忘推广爱地球的理念，以及远离化学药剂的重要性。原来，从自己手上“生”出来的皂宝宝是这么可爱又可贵。

谢谢周嘉苹老师让我有幸踏入手工皂的教学领域。进入皂圈之前，第一次看到的手工皂是母亲多年前在小区学习的回锅油家事皂。只是单色朴实的家事皂的制作过程，竟让我这喜爱手工制作的人看得如此沉醉。

对！手工皂如此迷人，就是因为它的纯朴。谢谢我最爱的母亲，带领我进入皂圈，为了让我探讨配方、活用添加物，她开拓了一小块开心农场，种植各种香草植物与蔬果，不但能为自己提供日常的生活物品，还能将它们当制作手工皂的材料，进而拓展不同的配方与技法。在繁忙的教学过程中，也要感谢我先生的陪伴与协助，让我从一个家庭主妇一步一步地，如同品种多样的手工皂般，逐渐拥有丰富多彩的生活，如同渲染皂般，将生活勾勒出迷人的色彩。

在以快乐分享为初衷，在课堂上与学员们互动的过程中，我发现制作手工皂还能带给我自由、创意与感动。每一块皂都代表着制皂者对于爱的表达，制皂者在每一堂课瞬间都会得到自由的呼吸与幸福感。

本书记录了本人教学的课程与经验分享，提供许多可选择的配方，让初学者可以轻松制作手工皂，学习后能自由发挥、应用，打造属于自己的手工皂。

孟孟

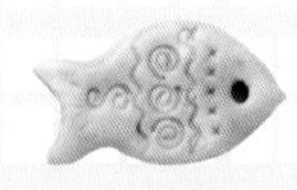

目录 Contents

第一部分 认识手工皂

第二部分 全家人都适用的皂款

第三部分 妈妈适用皂款

第四部分 爸爸适用皂款

第五部分 儿童与老人适用皂款

第六部分 宝贝宠物也有专属皂款

第一部分

认识手工皂

幸福，从这里开始。

了解手工皂的优点，享受制作手工皂的过程。

{ 有爱的皂 }

学习，是快乐的。当有爱的作品出现了，我们便乐于分享。

在教学的过程中，我常常询问课堂上的学员们：为什么来学习手工皂制作？大多数学员学习的理由，是因为家人的肌肤问题无法从所购买的香皂中获得改善，想借由手工皂传统天然的制作方式，减少化学药剂在肌肤上的残留。除此之外，他们也想把天然、健康、无负担的清洁用品带入家中，并进一步了解其功效及学习制作方法。所以，我常常说手工皂是个有爱的作品。

在制作手工皂的过程中，一方面，我们体会到细心称量、精心搭配材料的乐趣；另一方面，我们带着愉快的心情搅拌皂液，抱着期待的心情将其入模，细心呵护皂宝宝熟成，这些都让我们体会到了生活的乐趣。用最快乐的心情包装它们，再用充满爱意的心情递到自己爱的人手上，告诉对方，这是我们自己做的手工皂。在这里面，包含了太多的爱与呵护。当然，里面更蕴藏着我们这群制皂者制皂过程中的快乐。

{ 手工皂优于市售皂的理由 }

当一块从自己手上诞生的手工皂，开始让肌肤得到更好的改善，我们不禁开始思考：究竟手工皂与市售便宜的香皂有哪些不同？

手工皂制作的原理：油+碱=皂+甘油

当我们开始决定自己做手工皂时，会先从最基本的油脂开始了解。我们使用的油脂大部分是天然的植物性油脂，例如常使用的椰子油、橄榄油、葡萄籽油、甜杏仁油、芥花油等，都是植物性油脂。植物性油脂对肌肤最大的好处是容易被肌肤吸收，达到保湿与修护的效果。

市售肥皂一般使用的材料是便宜的植物油，还添加又香又浓的香精，而且它们绝大部分只有清洁效果，制作过程以热制为主，在闭合的皂料中，加食盐或饱和食盐水，利用盐析法将珍贵的甘油取出，用来制作另外的美容保养品。我们往往会被市售肥皂漂亮的外观和浓郁芬芳的气味吸引，而逐渐淡忘传统的低温制作的天然手工皂。

传统的冷制皂制作中，当油与碱水充分混合后，会产生皂与甘油。因为是自己手工制作，油脂中珍贵的甘油都会保留在皂中，还能根据油脂的特性，研制出适合各种肌肤与不同清洁用途的配方，享受各种皂型变化的乐趣。这些都是市售肥皂无法达到的。

手工皂具有清洁功能，且不含市售清洁产品中添加的人工化学药剂。这些相关化学药剂因科技进步与生活便利所需而日趋增多，却对自然环境造成破坏。这些人工化学药剂经由废水排放流入河川中，无法完全被分解，破坏地球的生态环境。

我们自己制作的手工皂含有丰富的甘油。当我们用手工皂清洁肌肤时，不仅得到甘油的滋润，同时可以让肌肤更健康，保有修护的机能。许多皮肤病患者，因改用手工皂清洁身体而使患处改善，并不是因为手工皂具有疗效，而是因为肌肤没有与化学药剂接触，因而减少了负担得到改善。

在手工皂的制作过程中，从称量材料-搅拌-添加-入模，挑选的精油与粉类等有无添加化学药剂，制皂者一清二楚，完全无须担心化学药剂的残留。从洗脸皂、洗发皂、沐浴皂，到清洗锅碗瓢盆的家用皂，都能通过改变油脂配方制作出来，使用起来不但令自己安心，更能为环保尽一份心。

{ 配方应用的概念与计算教学 }

配方应用的概念

以制作艾草平安皂为例，在确定配方比例前，须先了解基础用油、添加用油、使用者的年纪、使用季节、气候等因素。

基础用油含三种油脂：椰子油、棕榈油、橄榄油。

添加用油挑选二至三种油脂：可可脂、榛果油、蓖麻油。

用艾草入皂多半是想获取艾草避邪、驱蚊的功效。这款手工皂熟成后适宜在夏天使用，适宜三类人群，分别是：外出工作流汗的男士、偏油性肌肤的女士，以及很爱运动的儿童。

确定了这些后，要先考虑椰子油与棕榈油的比例，总共约占皂成分的35%，这样的硬度略显不够，所以用可可脂来提高硬度，加上其使用者有女性与儿童，再多些滋润度则更佳。

计算教学

要计算配方总需油量、氢氧化钠与水量，只需要通过简单的公式计算即可得出。

准备工具如下：计算器、纸、笔、油脂皂化价表。

第一步　算出每种油脂所需克数

油脂所需克数＝总油量×所需油脂百分比（%）

确定油脂配方百分比后，先开始称量油脂。以艾草平安皂500g的配方为例：

		油量(g)	百分比(%)	NaOH皂化价	该油脂使用碱量(g)
使用油脂	椰子油	100	20	0.19	19
	棕榈油	75	15	0.141	10.575
	橄榄油	165	33	0.134	22.11
	可可脂	75	15	0.137	10.275
	榛果油	50	10	0.1356	6.78
	蓖麻油	35	7	0.1286	4.501
	合计	500	100		
碱水	氢氧化钠				
	水量				

例如：椰子油所需克数=总油量×所需椰子油比例=500g×20%=100g

此为本配方椰子油所需克数，依此类推，计算其他油脂所需克数：

- 棕榈油所需克数=500g×15%=75g
- 橄榄油所需克数=500g×33%=165g
- 可可脂所需克数=500g×15%=75g
- 榛果油所需克数=500g×10%=50g
- 蓖麻油所需克数=500g×7%=35g

将以上油脂正确称量后，倒入不锈钢锅中，再用不锈钢搅拌棒稍微搅拌，让所有油脂充分混合均匀。

第二步　算出配方中氢氧化钠所需克数

氢氧化钠所需克数=各项油脂克数×该项油脂的皂化价

皂化价是皂化一克油脂所需要的氢氧化钠克数，每项油脂的皂化价皆不相同。查询表格得知，配方中椰子油的皂化价是0.19，因此使用100g的椰子油所需的氢氧化钠克数是100g×0.19＝19g。

依此类推，计算其他油脂所需氢氧化钠克数：

- 棕榈油 75g×皂化价 0.141＝75×0.141＝10.575g
- 橄榄油 165g×皂化价 0.134＝165×0.134＝22.11g
- 可可脂 75g×皂化价 0.137＝75×0.137＝10.275g
- 榛果油 50g×皂化价 0.1356＝50×0.1356＝6.78g
- 蓖麻油 35g×皂化价 0.1286＝35×0.1286＝4.501g

分别算出各项油脂所需的氢氧化钠克数后加总，即为总油量500g的配方所需的氢氧化钠克数：19g＋10.575g＋22.11g＋10.275g＋6.78g＋4.501g＝73.241g。

计算出氢氧化钠的总克数后，四舍五入取73g，该数值即为这个配方中500g油脂所需的氢氧化钠克数。

第三步　计算水量

水量＝氢氧化钠克数×2.4

制作冷制固体皂所需要的水，基本上以“纯水”“RO 逆渗透水”为主，这些水中无矿物质,不会干扰皂化过程。通常若使用香草或蔬果,也是以纯水作为基底,将香草或蔬果打成泥状或制成汁代替水。

计算水量有许多方法，目前较通用的是：所需水量为碱量的2.2倍到2.6倍。手工皂熟成期间需要经过风干的过程，让水分“蒸发”，本书取氢氧化钠克数的2.2~2.6倍中间值2.4倍来计算水量。计算本配方的水量为：73g×2.4＝175.2g，再四舍五入得到175g。

{ 手工皂的五度检视 }

每次写出一个配方后，我会检视配方中的五度（硬度、清洁度、保湿度、起泡度、稳定度）是否在合理标准范围内，油脂的选择是否正确，比例是否无误，饱和脂肪酸和不饱和脂肪酸的比例是否在安全范围内。

我喜欢明确又快速地确定配方的性质，另外也有网站提供配方的性质检视。

英文网站参考地址：http://www.soapcalc.net/calc/soapcalcWP.asp
中文网站参考地址：http://www.soap-diy.com/Soap_Calculators.php

上述步骤确定完毕后，进入网站会先看到上方包含使用碱类、油重、水量、超脂与香料4个英文选项，这部分暂时先省略吧！

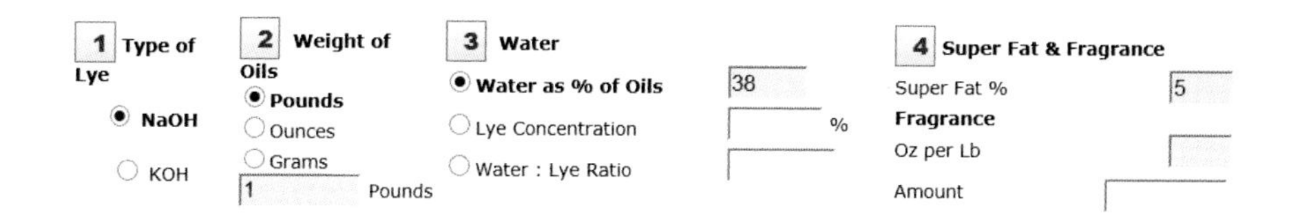

以下我们先学习如何使用该网页来检视配方五度性质，以艾草平安皂500g的配方为例：

填写步骤

第一步　逐一点选各项油脂名称，并按下Add（添加），该油脂即被选取。各项油脂的英文名称可以在本书“认识天然油脂”部分所附的表（p.26~p.35）中查询得知。

第二步　仔细填写各项油脂的百分比，Totals（总和）须确保为100%。

第三步　按下Calculate Recipes（计算配方）。

第四步	在百分比的表格旁，会显示总油量中各项油脂所需的克数。
第五步	按下Calculate Recipes（计算配方）按键后，Soap Qualities and Fatty Acids（左侧的肥皂性质与脂肪酸）栏会同时显示出该手工皂配方的各项指数。
第六步	让我们来检视用该配方做出来的手工皂是不是一块五度兼顾的肥皂，第

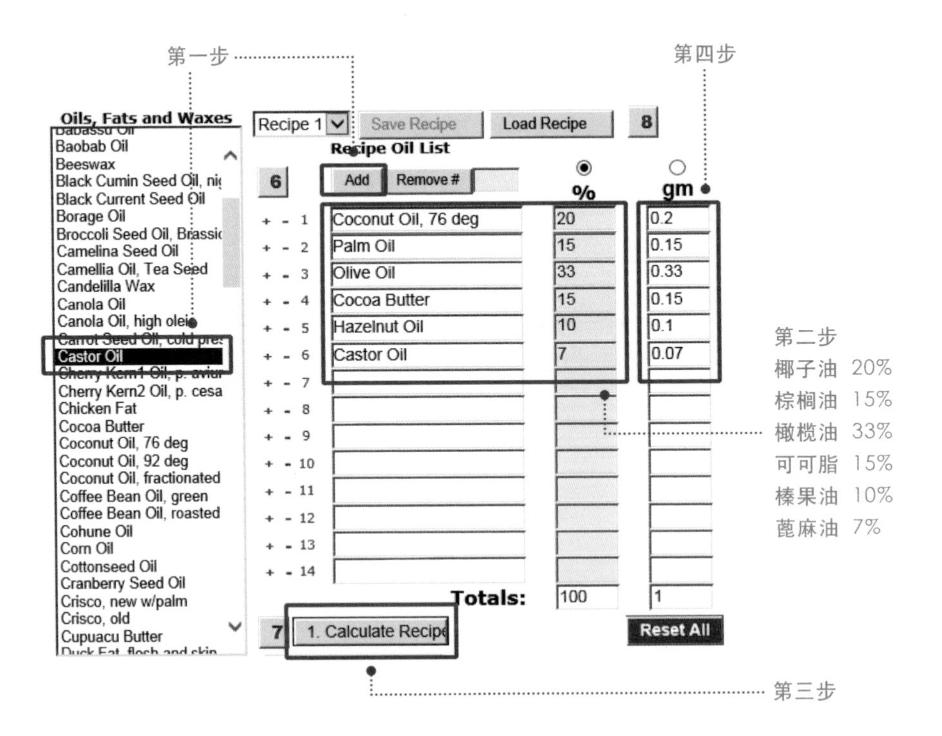

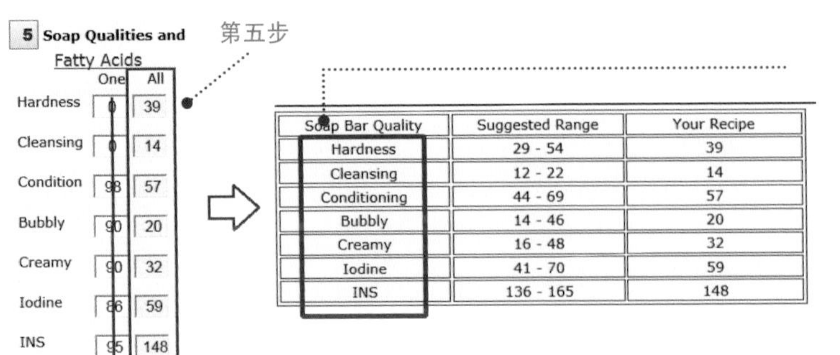

Soap Bar Quality	Suggested Range	Your Recipe
Hardness	29 - 54	39
Cleansing	12 - 22	14
Conditioning	44 - 69	57
Bubbly	14 - 46	20
Creamy	16 - 48	32
Iodine	41 - 70	59
INS	136 - 165	148

第六步
硬度
清洁度
保湿度
起泡度
稳定度
碘价
INS值

六步表格中会出现七个单项性质，五度指的就是硬度、清洁度、保湿度、起泡度和稳定度。

第七步　第七项下面第二个小选项是View or Print Recipe（查看或打印配方），点进去可以看到Suggested Range（建议范围）列表，列出各项性质的建议范围参考值，由表格中得知这块手工皂的五度是否都在合理的范围内。

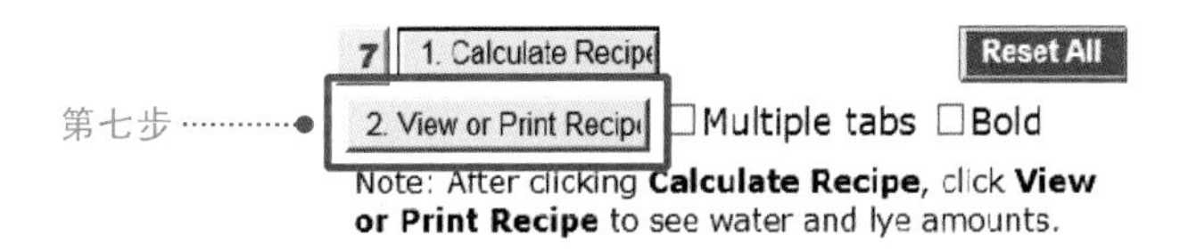

检查配方的适合性

我建议先设计手工皂搭配配方，再检视与确认配方的性质，原因在于性质表会告诉制皂者，用这个配方制作出来的手工皂性质如何：保湿度好不好？清洁度够不够？块状肥皂会不会太软？这些问题都可以从性质表中明确得知。若其中保湿度是40，并不代表这块肥皂不好，只表明其保湿度不高，不适合需要高保湿度的人使用。

手工冷制皂的制作以油脂的配方为基础，若搭配得宜，兼顾五度，大众将会对手工冷制皂的接受度更高，降低手工皂某性质不佳所造成的负面影响。只要了解油脂特性，减少化学药剂的使用，手工皂确实可以有效改善肌肤状态，让肌肤更健康。

一块皂好不好，除了油脂的搭配之外，也要看是否适合使用者，这跟使用者的肤质、季节与居住环境等因素都有关。同样，一块皂给肤质不同的人使用，往往会有不同的效果。例如，某块皂清洁度22，保湿度48，简单解释来说，这块皂适合油性肌肤的男性夏天使用。用得到的数值对照性质建议范围，可知这块皂的清洁度已经达到最上限，说明清洁度偏高，若皮肤敏感的人使用，就会产生不适。但使用者若是油性肌肤的人，或是夏天疯狂流汗的工作者，他们正需要高清洁度的皂款，就会觉得使用感非常舒适，且能明显感受到有效的清洁效果。

学会了最主要的油脂搭配，所使用的添加物适合什么样的肤质，也是必须考虑的问题之一。举例来说，如果在高保湿度的配方里加了备长炭粉做分层或渲染，这块皂就直接归类于油性肌肤适用。因为备长炭是强力去除油脂的添加物，即使原配方有再高的保湿力，也无法改变备长炭皂超强的去油力，因此使用这款备长炭手工皂获得的保湿力，只能由植物性油脂本身产生的丰富甘油提供。当读者参照本书配方制作手工皂时，如果自行搭配不同的粉类或添加物，该配方适合的肤质就可能因改变了添加物而改变。

我常常在课堂上提出如下观点：任何一件事都具有两面性，没有绝对的对与错，手工皂性质只是大致的参考，做皂时不必完全照本宣科。

{ 手工皂的种类及形态 }

用不同的方式、不同的碱类，可以做出种类丰富的手工皂，目前皂圈常见的手工皂种类有：

低温冷制皂（CP皂）

顾名思义，低温冷制皂是在低温的状况下制作而成，它呈现出固体状，其制作方式是目前皂圈中最普遍、技法最丰富的。本书若没有特别说明，使用的碱类均为氢氧化钠，为冷制皂做法。低温冷制皂脱模、切皂完成后，需要再等待四周使其熟成、退碱，才能安全使用。虽然比较耗时，但冷制皂保留的甘油与油脂养分是最丰富的。

皂基皂（MP皂）

市面上以透明皂基、白色皂基居多，其属于半成品皂。制作时只需要简单的微波加热或隔水加热，添加色素与精油，倒入模型中等待冷却凝固后即可使用。制作皂基皂是许多亲子互动与儿童学习活动的热门项目。

再制皂

剩余的皂边与皂液，或是保温过程失败而呈松糕样的冷制皂，丢掉可惜，因此我们会将这些东西搜集起来，重新制作出不同风格的皂款。再制皂也能呈现出不同的个人喜好。

先将皂刨丝或是切小丁，利用炖锅或电饭锅将皂加热软化熔解，再挤压塑型。在制过程中，油脂受到高温蒸煮会流失养分，所以我建议入模前超脂，以增加再制皂的滋润度，其超脂的比例为总量的2%。

液体皂

这种手工皂呈现接近水状的液体形态，因此得名。制作液体皂使用的碱类为氢氧化钾，油碱混合温度偏高。液体皂同样具有植物油保湿温和、富含甘油的特性，但不同于沐浴乳与洗发水的黏稠状，所以许多人会因为它的黏稠度不够而觉得浓度不够。建议多使用几次，让身体触感习惯天然的液皂，这比添加了化学的增稠剂更好噢！

热制皂（HP皂）

先以冷制皂流程制作，搅拌至浓稠状后，直接使用炖锅或电饭锅加热。加热过程中不时搅拌，让皂液快速皂化。皂液呈现泥状后直接入模，等待约六小时后，皂体冷却即可脱模使用。呈现形态为固体状。

此法经常用于工厂制作市售肥皂。优点是快速皂化，能马上使用；缺点是加热过程的高温会造成油脂养分的流失与损耗。目前皂圈不乏热爱此法的使用者。

{ 专有名词解释 }

皂化价 将1g油脂完全皂化所需要的氢氧化钠克数。例如：1g的椰子油需要0.19g的氢氧化钠皂化。

碱水 氢氧化钠或氢氧化钾溶于纯水后的溶液。

皂化 油脂中的脂肪酸与碱结合所发生的化学反应，此阶段称为皂化。

减碱 将实际计算出来的氢氧化钠量稍微减少。

超脂 油碱充分混合后，额外添加少量滋润性佳的油脂。这些后加的油脂已经没有多余的氢氧化钠来皂化它们，因此可以保留更多的滋润养分。

皂化物 油脂中可以与氢氧化钠或氢氧化钾起皂化反应的物质。

非皂化物 添加物，例如咖啡渣、矿泥粉、蜂蜜等。

假皂化 搅拌中看似已经皂化成浓稠状，以为可以入模保温，但持续搅拌后又恢复轻微浓稠状，需要再继续搅拌的状态。

甘油 手工皂含有的高级保湿成分。

皂液 油碱混合搅拌时所形成的液体。

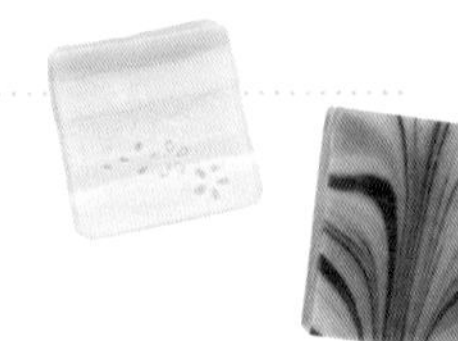

果冻期 并不是每块皂都会经历此阶段，此现象多出现在入模后开始保温的 48 小时之内。

白粉 皂液入模保温的温度与皂体温度不一致，成皂表面出现的白色粉状物。

松糕 皂液入模时除浓稠度不够之外，保温箱的温度也不够，皂体松散结构，颜色呈白色居多，切皂时皂体呈现粉状龟裂。

熟成期 皂条脱模后不能马上使用，需将做好的手工皂切皂，放置于阴凉处“风干”，让皂体中的氢氧化钠与水分充分“蒸发”，等待一个月的自然皂化过程。

皂粉的形成 皂条表面呈现的不影响质量与使用的白色粉末。

INS值 这里指手工皂软硬度的参考值，每种油脂都有其高低不同的INS值。INS值愈高，皂的硬度就愈高。后面的性质表中有硬度的性质，观察这些硬度的性质是否在范围内，INS值可作为参考，只要范围在120～170以内都可以。

油与碱水混合后，两者在搅拌融合的过程中，皂液会越来越浓稠，每个浓稠度都有该阶段的名称，整个做皂过程中会有三种浓稠度出现。以下大略分为三个阶段加以说明。

- 轻微浓稠状。
- 美乃滋式的浓稠状。类似于美乃滋一般的浓稠状态，搅拌到此阶段入模保温，可以大大提升成功率。
- 过分浓稠状。此时入模在皂液中容易有气泡，切皂后会有空洞。

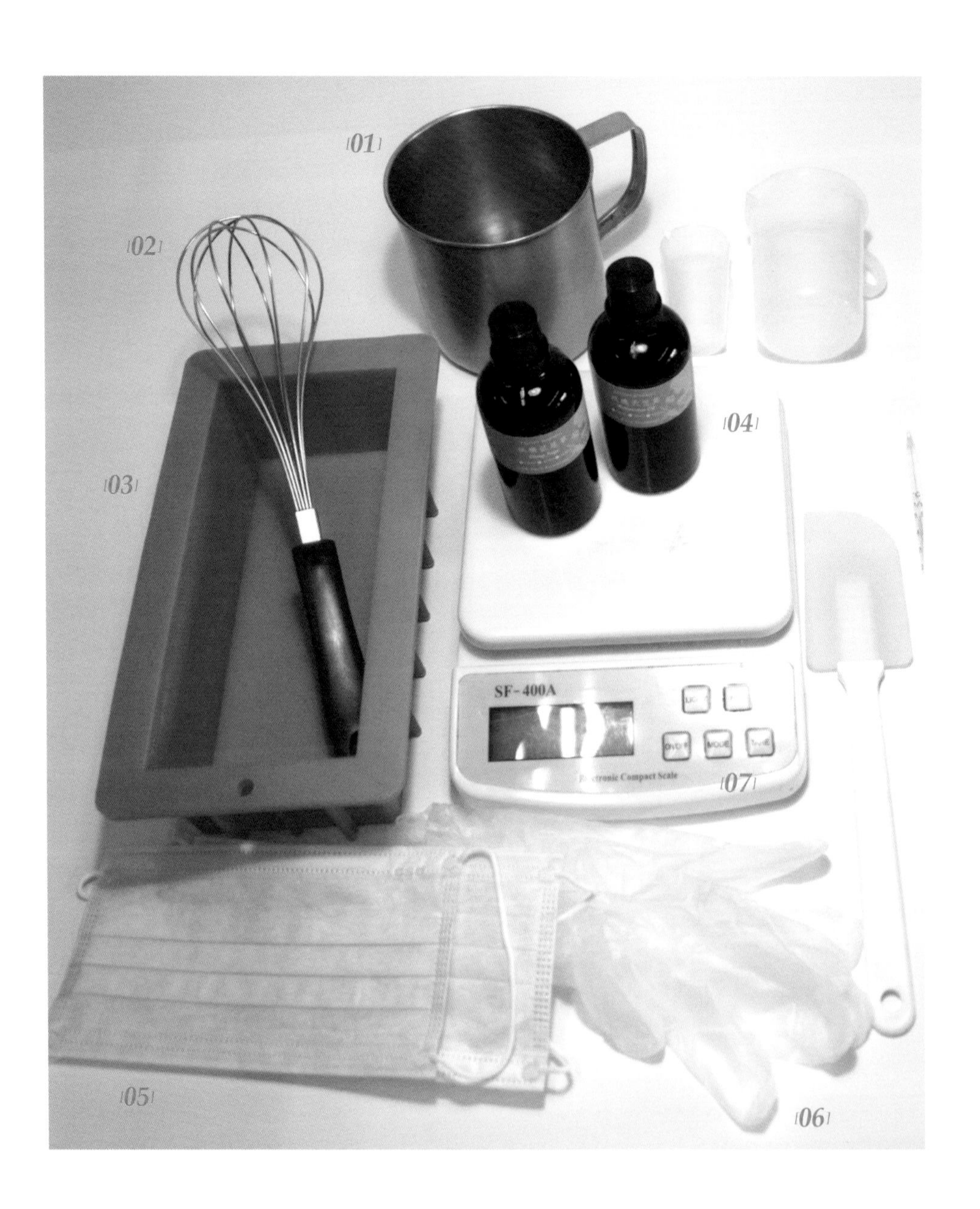
01
02
03
04
SF-400A
07
05
06

工具介绍

01 不锈钢杯、碗

称量水量与氢氧化钠。氢氧化钠具有腐蚀性，使用不锈钢杯能确保安全。

02 搅拌棒（或称打蛋器）

基本的工具，能将皂液搅拌均匀。

03 皂用模

市面上可以使用的入模工具非常多，常用的有硅胶模、经济型吐司硬模、造型硅胶模等。各种模具都有其各自的优点，我近期常用的是经济型吐司硬模，因价格便宜，脱模容易，很受学员们欢迎。

04 精油

建议购买制皂用的纯精油。在手工皂里面添加精油，主要是为得到精油的香味与芳疗效果，但手工皂还是以清洁、沐浴为主，添加太昂贵的香薰用精油不免伤本。购买时注意挑选制皂用的纯精油，即可享受沐浴时舒服的香薰芳疗效果。

05 口罩

氢氧化钠与纯水混合所产生的蒸汽具有腐蚀性，除了在通风处溶碱之外，戴口罩也是必要的保护措施。

06 手套

油碱混合后，搅拌皂液时多少都会碰触到还具有强碱性的皂液，为了避免双手接触皂液，建议搅拌全程都要戴上手套。

07 简易电子秤

可以从皂用材料店或烘焙店购买简易电子秤，其最小单位是1g，最大承重为5kg。

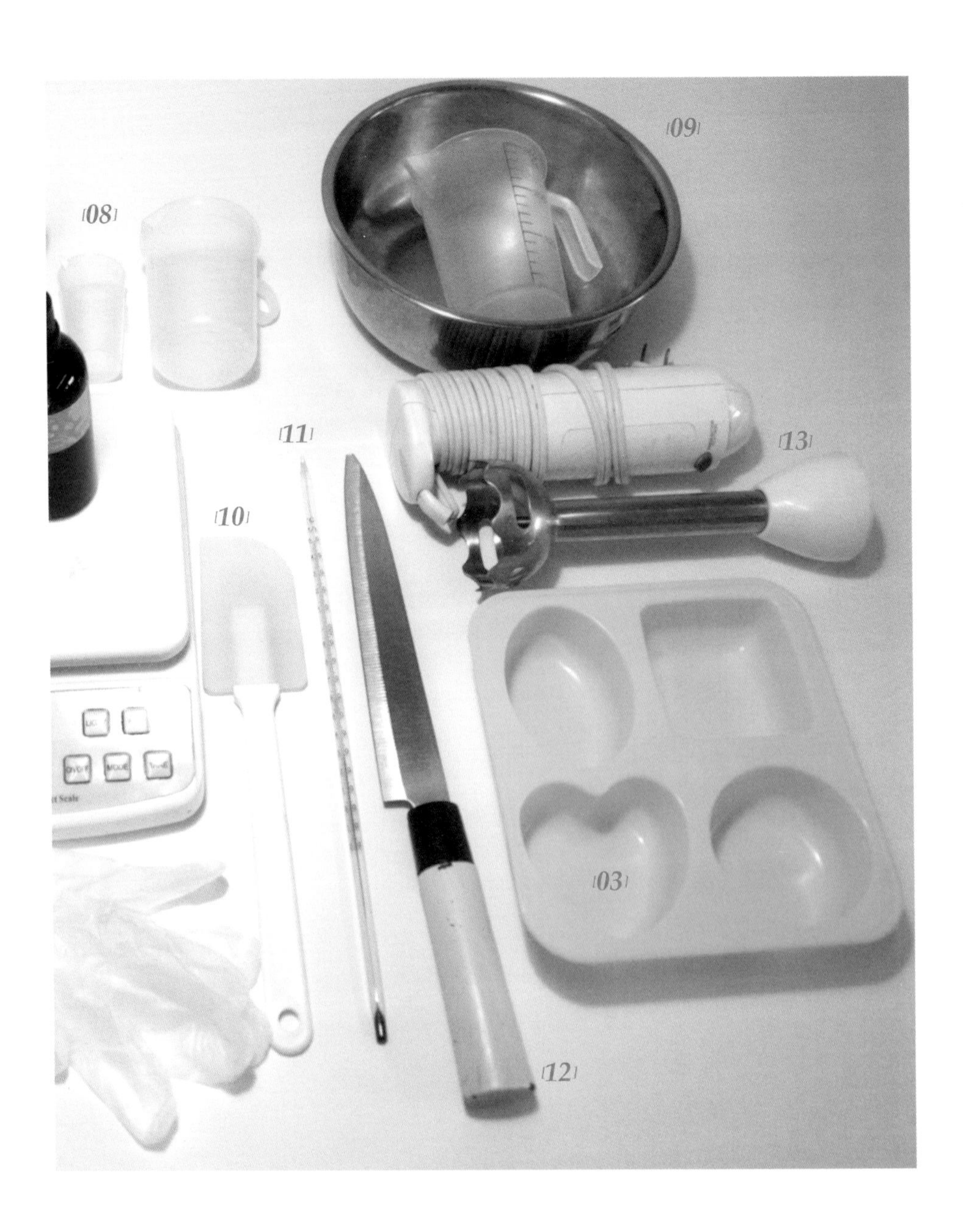
08
09
11
13
10
03
12

08 大小量杯

主要用于称量精油或添加物。

09 不锈钢锅

搅拌油脂使用，至少拥有可以称量总重1.5kg油脂的容量。

10 刮刀

搅拌皂液时搭配使用的工具。打皂时容易将外部的空气打进去，且锅身边缘会附着皂液，此时使用刮刀可将皂液中的空气排出来，将周边附着的皂液刮入锅中充分混合，入模时也能将锅中的残留皂液刮干净。

11 温度计

用于测量油脂与碱水温度。

12 水果刀

切皂时使用。建议挑选较长的刀子，用其切皂顺手，不会歪斜。另外，也可用线刀或是波浪刀切皂。

13 电动搅拌棒

电动搅拌棒可缩短打皂时间，加快变浓稠的速度。但还是建议以搅拌棒搅拌皂液为主，不建议单独或长时间使用电动搅拌棒。

另外还可以准备：

◦◦长柄不锈钢汤匙　**溶解氢氧化钠时使用。长度大约为20厘米以上，长柄能避免碰触到温度高的碱水。**

◦◦保温箱（盒）　**依照皂模的大小选择适当的保温箱（盒）。确定皂液形成浓稠状后入模，接着就要进保温箱保温48小时。**

◦◦报纸数张　**铺在工作桌上，避免碱水或油脂喷溅而伤到桌子。**

◦◦围裙　**避免皂液喷溅到身上。碱水是强碱溶液，制作过程中要避免碱液接触皮肤及身上的衣物。**

{ 油脂与添加物介绍 }

认识天然油脂

放眼望去，各种油脂不都大同小异吗？闻起来有油脂味，看起来黄澄澄的。但只要详细了解，读者们就会知道，从果实中萃取的油脂富含的大地能量与天然养分非常珍贵。

我制作手工皂比较倾向于只使用天然植物油脂或动物油脂，不使用矿物油，其中又以天然植物油为主。强烈要求使用它的原因在于：植物性油脂和脂肪可以轻易被人体吸收，有助于皮肤的修护、活化与滋润。矿物油是石油提炼后的产物，虽然是油，但人体却难以代谢。

大部分做皂的天然植物油可以在超市与皂用材料店购得，只要配方适宜，不需要用昂贵的油也能做出美丽、有气质、滋润度高、泡沫绵密的天然手工皂噢！

以下是常用油脂特性与氢氧化钠皂化价索引表。

性质	硬度	清洁度	保湿度	起泡度	稳定度	碘价	INS值
	0	0	0	0	0	10	84

椰子油 Coconut Oil

氢氧化钠NaOH皂化价 0.19

身体用 18%~30%

家事皂 70%~100%

- 基础用油
- 起泡度高、清洁度高、硬度高
- 比例高则清洁度强，以不超过35%为主
- 气温低时呈固体状，需隔水加热熔解后再混合其他油脂

性质	硬度	清洁度	保湿度	起泡度	稳定度	碘价	INS值
	79	67	10	67	12	10	258

棕榈油 Palm Oil

氢氧化钠NaOH皂化价 0.141

一般入皂 15%~30%

- 基础用油
- 硬度高、起泡度低
- 常与椰子油搭配，让皂更坚硬，比例过高会让皂的起泡度变低
- 气温低时呈固体状，需隔水加热熔解后，再混合其他油脂

性质	硬度	清洁度	保湿度	起泡度	稳定度	碘价	INS值
	50	1	49	1	49	53	145

硬棕榈油 Solid Palm Oil

氢氧化钠NaOH皂化价 0.141

一般入皂 15%~30%

- 固体棕榈油
- 硬度高
- 需隔水加热熔解后再混合其他液体油脂

性质	硬度	清洁度	保湿度	起泡度	稳定度	碘价	INS值
	67	2	33	2	65	48	151

棕榈核仁油
Palm Kernel Oil

氢氧化钠NaOH皂化价 0.156

一般入皂 18%~30%

- 可代替椰子油
- 起泡度高
- 比椰子油温和
- 需隔水加热熔解后，再混合其他液体油脂

性质	硬度	清洁度	保湿度	起泡度	稳定度	碘价	INS值
	75	65	18	65	10	20	227

红棕榈油
Red Palm Oil

氢氧化钠NaOH皂化价 0.141

一般入皂 10%~30%

- 抗氧化、修复伤口
- 适合制作油性肌肤使用的面膜
- 未精制的红棕榈油在气温低时呈固体状，需隔水加热熔解后再混合其他油脂

性质	硬度	清洁度	保湿度	起泡度	稳定度	碘价	INS值
	50	1	49	1	49	53	145

橄榄油
Olive Oil

氢氧化钠NaOH皂化价 0.134

一般入皂 10%~100%

新马赛皂 60% 传统马赛皂 72%

- 基础用油
- 保湿度高、稳定度高、渗透佳
- 适合各种肤质
- 缓解疼痛、促进细胞再生

性质	硬度	清洁度	保湿度	起泡度	稳定度	碘价	INS值
	17	0	82	0	17	85	109

米糠油
Rice Bran Oil

氢氧化钠NaOH皂化价 0.128

一般入皂 10%～30%

- 保湿度高、稳定度高
- 有美白、抗氧化功能
- 洗感清爽、舒适
- 适合干燥肌肤
- 抑制肌肤老化，有美白功效

性质	硬度	清洁度	保湿度	起泡度	稳定度	碘价	INS值
	26	1	69	1	25	110	70

甜杏仁油
Sweet Almond Oil

氢氧化钠NaOH皂化价 0.136

一般入皂 5%～30%

- 亚洲地区重要用油
- 护肤效果极佳，滋润保湿度好
- 高渗透性、亲肤性，能很快被肌肤吸收
- 清爽不油腻
- 适合婴幼儿、老人，以及干燥、脆弱、敏感型肤质的人

性质	硬度	清洁度	保湿度	起泡度	稳定度	碘价	INS值
	7	0	89	0	7	99	97

芥花油
Canola Oil

氢氧化钠NaOH皂化价 0.1324

一般入皂 10%～30%

- 具有极佳滋润保湿度
- 泡沫多且稳定
- 成本低却可以制作出保湿度高的成品
- 建议与其他硬油搭配

性质	硬度	清洁度	保湿度	起泡度	稳定度	碘价	INS值
	6	0	91	0	6	110	56

酪梨油 Avocado Oil

氢氧化钠NaOH皂化价 0.133

一般入皂 10%～20%

- 分精制与未精制
- 温和、营养成分高
- 软化肌肤，深层清洁
- 适合婴幼儿、老人，以及干燥、敏感型肤质的人

性质	硬度	清洁度	保湿度	起泡度	稳定度	碘价	INS值
	22	0	70	0	22	86	99

榛果油 Hazelnut Oil

氢氧化钠NaOH皂化价 0.1356

一般入皂 5%～30%

- 高保湿度
- 可修复受损肌肤
- 可软化角质，适合油性肌肤
- 矿物质含量多，可渗透至皮肤底层
- 防止老化、清爽细致
- 油脂容易氧化，须小心保存

性质	硬度	清洁度	保湿度	起泡度	稳定度	碘价	INS值
	8	0	85	0	8	97	94

蓖麻油 Castor Oil

氢氧化钠NaOH皂化价 0.1286

一般入皂 5%～8%

洗发入皂 8%～10%

- 起泡度高、保湿度高
- 修护肌肤佳
- 比例不能太高，会让皂体过软
- 适当比例可让皂体产生绵密的泡沫，洗感倍增
- 含有独特的蓖麻酸醇，对头发、皮肤有柔软及润滑效果

性质	硬度	清洁度	保湿度	起泡度	稳定度	碘价	INS值
	0	0	98	90	90	86	95

葡萄籽油
Grape Seed Oil

氢氧化钠NaOH皂化价 0.1265

一般入皂　10%～25%

- 含大量亚麻油酸与青花素，是抗老化最佳油脂
- 保湿度佳、清爽不油腻
- 抗氧化、吸收度佳
- INS值低，建议与其他硬油搭配
- 适合所有肤质

性质	硬度	清洁度	保湿度	起泡度	稳定度	碘价	INS值
	12	0	88	0	12	131	66

芝麻油
Sesame Oil

氢氧化钠NaOH皂化价 0.133

一般入皂　5%～15%

- 保湿度高、稳定度高
- 延缓衰老、解毒生肌
- 使头发乌黑亮丽
- 适合夏天使用的配方
- 适合沐浴与洗发配方

性质	硬度	清洁度	保湿度	起泡度	稳定度	碘价	INS值
	15	0	83	0	15	110	81

澳洲胡桃油
Macadamia Nut Oil

氢氧化钠NaOH皂化价 0.139

一般入皂　5%～20%

适合超脂

- 抗老化、皮肤吸收快
- 成分类似人类肌肤油脂
- 保湿效果好，但无泡沫
- 可搭配蓖麻油增加起泡度
- 不建议高比例配方

性质	硬度	清洁度	保湿度	起泡度	稳定度	碘价	INS值
	14	0	61	0	14	76	119

玫瑰果油 *Rosehip Oil*

氢氧化钠NaOH皂化价 0.1378

一般入皂 5%～10%

适合超脂

- 具有柔软肌肤、美白、修护、防皱效果
- 成本高，容易氧化
- 适合各种肌肤
- 添加比例不宜太高

性质	硬度	清洁度	保湿度	起泡度	稳定度	碘价	INS值
	6	0	89	0	6	188	10

开心果油 *Pistachio Oil*

氢氧化钠NaOH皂化价 0.1328

一般入皂 5%～10%

适合超脂

- 富含丰富维生素E
- 抗老化
- 修护肌肤效果好
- 容易氧化，油脂开封后须放入冰箱冷藏保存

性质	硬度	清洁度	保湿度	起泡度	稳定度	碘价	INS值
	12	0	88	0	12	95	92

小麦胚芽油 *Wheat Germ Oil*

氢氧化钠NaOH皂化价 0.131

一般入皂 5%～20%

- 天然抗氧化剂、安定剂
- 含有大量卵磷脂
- 适合干性、老化、问题肌肤
- 保湿度高，可修复、活化肌肤
- 维持肌肤组织健康

性质	硬度	清洁度	保湿度	起泡度	稳定度	碘价	INS值
	19	0	75	0	19	128	58

荷荷巴油 Jojoba Oil

氢氧化钠NaOH皂化价 0.069

一般入皂 5%~10%

适合超脂

- 液体植物蜡
- 含丰富维生素D和蛋白质，洗感清爽不油腻
- 抗氧化、抗紫外线
- 成分接近人类皮肤油脂
- 泡沫稳定，适合制作洗发皂

性质	硬度	清洁度	保湿度	起泡度	稳定度	碘价	INS值
	0	0	12	0	0	83	11

苦楝油 Neem Oil

氢氧化钠NaOH皂化价 0.1387

一般入皂 10%~30%

- 有抗菌、消毒与抗炎效果
- 适合用于解决皮肤问题的配方
- 止痒、舒缓皮肤产生的不适
- 若油脂有沉淀，使用前先加热熔解为佳

性质	硬度	清洁度	保湿度	起泡度	稳定度	碘价	INS值
	33	0	63	0	33	89	124

芒果脂 Mango Seed Butter

氢氧化钠NaOH皂化价 0.1371

一般入皂 5%~20%

- 保湿度高
- 容易被肌肤吸收
- 可加强皂体硬度
- 有软化、保湿肌肤功效
- 需隔水加热熔解后，再混合其他液体油脂

性质	硬度	清洁度	保湿度	起泡度	稳定度	碘价	INS值
	49	0	48	0	49	45	146

可可脂
Cocoa Butter

氢氧化钠NaOH皂化价 0.137

一般入皂 5%～15%

- 有修护、抗炎功效
- 保湿度高
- 可加强皂体硬度
- 适合干性与敏感性肌肤
- 需隔水加热熔解后，再混合其他液体油脂

性质	硬度	清洁度	保湿度	起泡度	稳定度	碘价	INS值
	61	0	38	0	61	37	157

乳油木果脂
Shea Butter

氢氧化钠NaOH皂化价 0.128

一般入皂 5%～15%

适合超脂

- 保湿滋润度，优可软化肌肤
- 适合中干性、敏感性肌肤
- 有防晒效果、质感较硬
- 需隔水加热熔解后，再混合其他液体油脂
- 适合婴幼儿与年长者使用
- 油性肌肤添加以6%以内为佳
- 可减缓皮肤老化与减少皱纹

性质	硬度	清洁度	保湿度	起泡度	稳定度	碘价	INS值
	45	0	54	0	45	59	116

葵花油
Sunflower Oil

氢氧化钠NaOH皂化价 0.134

一般入皂 5%～15%

- 含丰富维生素E
- 抗老化
- 保湿度优，是一种细胞保护剂
- 适合干性肌肤
- 建议搭配其他硬油为佳

性质	硬度	清洁度	保湿度	起泡度	稳定度	碘价	INS值
	11	0	87	0	11	131	63

大豆油 Soybean Oil

氢氧化钠NaOH皂化价 0.135

一般入皂 5%~15%

- 滋润度良好
- 含丰富的卵磷脂、维生素E、维生素D
- 添加比例不宜过高，少量添加可以提高成皂的稳定度

性质	硬度	清洁度	保湿度	起泡度	稳定度	碘价	INS值
	16	0	82	0	26	131	61

山茶花油 Camellia Oil

氢氧化钠NaOH皂化价 0.1362

一般入皂 3%~25%

- 滋润保湿度好
- 可改善肌肤粗糙状况
- 含丰富叶绿素与茶多酚
- 对于头发有滋润与修护效果
- 延缓皱纹形成、紧致肌肤

性质	硬度	清洁度	保湿度	起泡度	稳定度	碘价	INS值
	8	0	88	0	8	144	44

鸵鸟油 Ostrich Oil

氢氧化钠NaOH皂化价 0.139

一般入皂 5%~20%

- 滋润保湿度好
- 舒缓肌肉紧张
- 修护肌肤、促进伤口愈合
- 渗透力强，可锁住水分
- 消炎、抗菌，低过敏性
- 成品泡沫细密、稳定度高

性质	硬度	清洁度	保湿度	起泡度	稳定度	碘价	INS值
	36	4	57	4	32	97	128

常用精油

很多人喜欢在手工皂里添加精油，香芬的气味与天然的素材搭配，把手工皂推向更健康环保的境界。

精油的添加是由我们主观决定的，我建议读者挑选皂用精油，价格与浓度较高的精油直接用于香薰则较不浪费。因为手工皂毕竟以清洁为主，泡沫待在肌肤上的时间并不长。不过，添加精油是手工皂迷人的重要原因之一，在沐浴的蒸汽中，精油的芳疗效果在不知不觉间发挥了出来。

罗勒 *Basil*

抗菌，止痛，促进血液循环，改善注意力，增强记忆力

安息香 *Benzoin*

除臭，安定情绪，改善肌肤干燥、滋润皮肤，修复创伤、疤痕，消毒杀菌

佛手柑 *Bergamot*

促进伤口愈合，抗菌，抗沮丧，镇静情绪，调理肌肤，改善湿疹，减少粉刺，适合问题肌肤

柠檬 *Lemon*

改善过敏症状，消除异味，舒缓情绪，收敛毛孔，消毒杀菌

柠檬香茅 *Lemongrass*

消除压力，促进血液循环，减轻疼痛，杀菌，除虫，舒缓皮肤发炎症状

快乐鼠尾草 *Clary Sage*

放松肌肉，镇定，提神，减轻发炎症状，
天然定香剂，与真正的鼠尾草品种不同，成分亦不同

香茅 *Citronella*

抗菌，止痒，预防蚊虫叮咬

雪松 *Cedarwood*

驱虫、杀霉菌、消炎、镇静，改善呼吸道症状，
改善油性肌肤的出油、面疱、粉刺等状况

柠檬尤加利 *Eucalyptus Citriodora*

帮助呼吸顺畅，镇定神经，降血压，抗发炎，促进肌肤修复、
小伤口愈合、舒缓支气管相关炎症

德国洋甘菊 *German Chamomile*

抗过敏，安神，抗炎效果佳，促进伤口愈合

马郁兰 *Marjoram*

帮助消化、安眠、镇定、放松肌肉，促进血液循环，减轻紧
张头痛，舒缓咳嗽症状，消除肌肉僵硬，帮助呼吸顺畅

山鸡椒 *May Chang*

抗菌，消炎，除臭，消除精神紧张，帮助睡眠，纾压，
抗忧郁

橙花 *Neroli*

抗忧郁，纾压，促进细胞再生，催情，安眠，放松肌肉

甜橙 *Orange Sweet*

纾压，增强活力，消除疲劳，安眠，改善肌肤干燥、皱纹，抗忧郁，利尿，有光敏性

苦橙 *Orange Bitter*

刺激免疫系统，温和活化肌肤，除臭，深层清洁头皮，消除油性肌肤的粉刺与青春痘，护发效果佳，帮助入睡

罗马洋甘菊 *Roman Chamomile*

安神，帮助睡眠，止痛（肌肉、肠胃、头部），抗过敏，消毒杀菌

玫瑰天竺葵 *Rose Geranium*

抗发炎、止痛、放松肌肉、激发内脏机能，安抚焦虑情绪，改善经前症候群，抗菌、抗忧郁，提升细胞的防御能力

花梨木 *Rosewood*

抗忧郁，止痛，提振精神，活化免疫系统，滋润肌肤，缓解肌肤发炎症状

迷迭香 *Rosemary*

抗菌，利尿，促进血液循环，增强免疫力，止痛，促进毛发生长，提振精神，去头皮屑

玫瑰 *Rose*

止痛，促进血液循环，帮助消化，活化肌肤细胞，减少皱纹，滋润、保湿、紧致肌肤，缓解烦躁情绪

薄荷 *Peppermint*

促进血液循环，改善头痛，消毒杀菌，治疗神经痛，消炎止痛，舒缓恶心症状，提神醒脑

广藿香 *Patchouli*

修复伤口、疤痕，促进组织再生，抗菌，驱虫，舒缓焦虑情绪，滋润干燥肌肤，改善忧郁，改善呼吸感染症状，降低过敏症状

茶树 *Tea tree*

抗菌，抗病毒，改善脓包、皮肤过敏、尿布疹症状，修复肌肤发炎、小伤口，提升免疫力，预防蚊虫叮咬

真薰衣草 *True Lavender*

止痛，镇定，抗忧郁，安神，帮助睡眠，治疗烧烫伤，预防蚊虫叮咬

相关工具如何取得

早期制作手工皂都以厨房相关工具为主，随着手工皂逐渐大众化，与之相关的皂用材料店也跟着蓬勃发展起来，许多更精致的商品都可以在材料店购得。若读者初期不想花太多费用，本书介绍的工具中，大部分都可以在五金店、食品材料店里购得。其中电动搅拌棒与精油还是去皂用材料店选购，这样能挑选到比较适合且专业的工具。我建议做皂用的工具、材料与饮食器具分开使用，以避免误食。

该挑选哪家皂材店？读者可以在网络上搜索“手工皂”，网页上会出现许多知名的皂材厂商，读者可以自行挑选适合、喜欢的店家选购。

添加香草类植物介绍

本书介绍的香草类植物以家庭阳台方便种植为主，有些还是祖先流传下来的民间药草佳品。添加方法有许多种：浸泡油、新鲜植物泥、煮汁过滤、干燥磨粉等，以下逐一说明。

方法1 浸泡油

将干燥香草浸泡在稳定度高的油脂中，最常用的浸泡香草是迷迭香、薰衣草、金盏花、玫瑰等，原则上只要使用干燥的香草即可。浸泡用的油脂可以是甜杏仁油、芥花油、橄榄油，其中又以橄榄油居多，原因在于橄榄油稳定度高、价格低，且容易购得，又适合各种肌肤。

浸泡油比例为油：香草=3：1。浸泡的简易方法是取用透明玻璃宽口瓶，倒入6.5分满欲浸泡的油脂，再将干燥的香草放入玻璃瓶中将近9.5分满，切记勿装瓶到全满。

浸泡时间建议以三个月为佳，浸泡后每隔数日摇晃瓶身，让香草中的有效成分能稀释到油脂中。

方法2 新鲜植物泥

挑选叶片肥厚、软、薄的植物，例如肥厚的左手香，叶子软的香蜂草、薄荷叶，这类植物的叶子可以加水用电动搅拌棒或果汁机尽量打成泥状。过滤后的汁液可以与纯水混合添加在一起溶碱，细小的泥状物或叶渣可以保留下来，在皂液入模前做添加物。将新鲜的植物泥依照比例添加于皂液中，对制皂而言，不但是最直接方便的方法，挑战性也比较高。

方法3 干燥磨粉

将干燥香草磨成细粉。本书介绍的相关粉类，可到皂用材料店或中药店购得。

若家中有需要磨成细粉的干燥香草，可以请熟识的中药店帮忙磨成细粉，或是使用家用料理机尽量打成粉。粉的粗细没有要求，但不建议太粗，以免造成肌肤不适。

方法4 煮汁溶碱

新鲜香草植物如何入皂？我习惯先观察叶子呈现的形态，若叶子属坚硬不易成泥的，可以水煮后，过滤茎叶，取其香草汁溶碱制皂。

例如，柠檬香茅和肉桂叶的叶子硬，也没有汁液，所以建议使用这类香草时，采用水煮方式，制作出来的皂品颜色偏深。

孟孟老师小叮咛

每种添加方式都有其乐趣所在，观察香草的生长，细心地栽培，等待它们发芽长大，不管入皂或是创意烹调，还是从栽培种植到添加、食用，都包含着种植香草的成就感。香草和手工皂一样，从成熟到使用，从搅拌皂液到脱模，都是需要我们细心照顾的小宝贝。

第二部分

全家人都适用的皂款

家庭中的成员不一，每个人的肤质也不太相同，
常常会因为季节、气候、生活环境、饮食、年纪等状况不同，而有所差异。
本书配方以着重大方向适用性为主，只要对油脂的特性多加了解，
读者也能稍加应用、调整配方，为家人做出独一无二的手工皂！

{ 简单手工皂，一学就上手 }

基本制皂流程

1

先将配方中的材料准备好。

2

逐一称量各项油脂，若其中有固体油脂，可以先隔水加热软化油脂，等待其降温至35℃以下。

3

准备精油。

4

称量纯水冰块与氢氧化钠。

5

确保将氢氧化钠溶于水中。

谨记步骤：将氢氧化钠取少量放入安全的纯水冰块中。

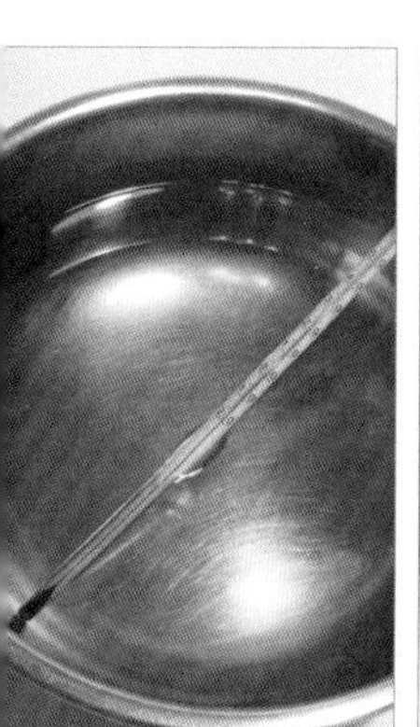

6

确认碱水温度与油脂温度是否都降低至35℃以下。

7

两者温度控制在温差为5℃内以后，小心地将碱水慢慢倒入油脂中。

8

使用搅拌棒搅拌皂液20分钟以上，若20分钟后皂液还没有达到轻微浓稠的程度，还要继续搅拌。搅拌时注意将锅边皂液刮到锅中一起混合均匀，避免因锅边皂液没有皂化完全而影响其成皂后的质量。

9

继续搅拌，至皂液接近浓稠状时加入精油。

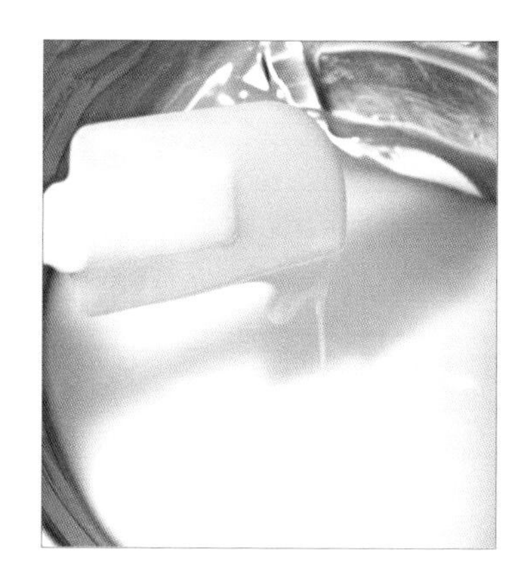

10

持续搅拌，直到用工具蘸起的皂液滴到皂液表面可画线条且达到不下沉的浓稠程度。

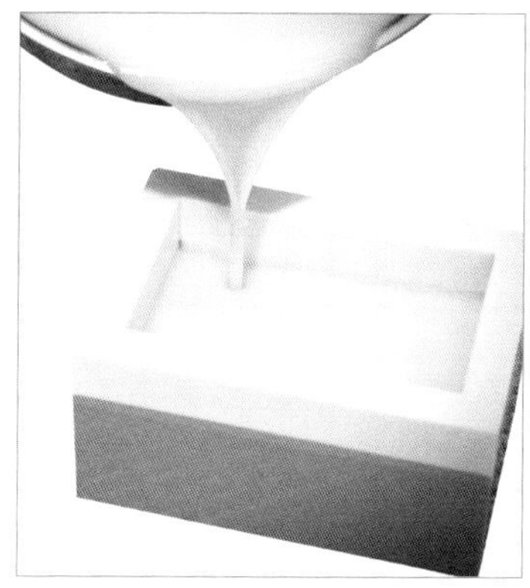

11

入模。

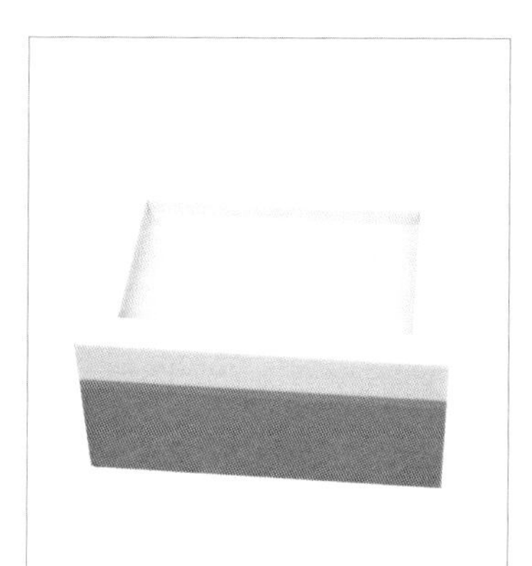

12

入模完成后，放入保温箱中保温48小时。

脱模、切皂的时机

1

皂体保温48小时后取出，准备脱模。先将硅胶模边拨开观察，确认皂条边是否干燥。若皂体仍与硅胶模粘连，请耐心等待1～2天后再脱模，避免伤到皂体，影响其美观。

2

皂体脱模后，挑选好准备切皂的工具，可选择线刀、波浪刀或是较长的水果刀。切皂时，将皂体放置在刀部的中间，厚度以3～4cm为宜。手臂与身体呈直角，手握刀柄往下压。

。。切皂时机

一般适用于肌肤的配方，皂体脱模后静置2～3天后再切皂，若脱模后太心急，马上切皂，工具与皂表面容易粘连在一起。

。。判断方式

硬油比例高或是硬度高的配方，脱模后可以隔天切皂。软油比例高或是硬度低的配方，脱模后需晾皂一个星期再切皂。

盖皂章的时机

1

切皂后约一个星期，就可以准备修皂了。切皂后皂体四周呈直角，拿在手上会有些许锋利感。修皂主要是把直角修掉，可选择刨刀、美工刀或修皂器作为修饰工具。目前最方便的工具是修皂器，不但可以修饰皂角，使握感更为舒适，还可以把凹凸不平的皂体表面修得比较平整。

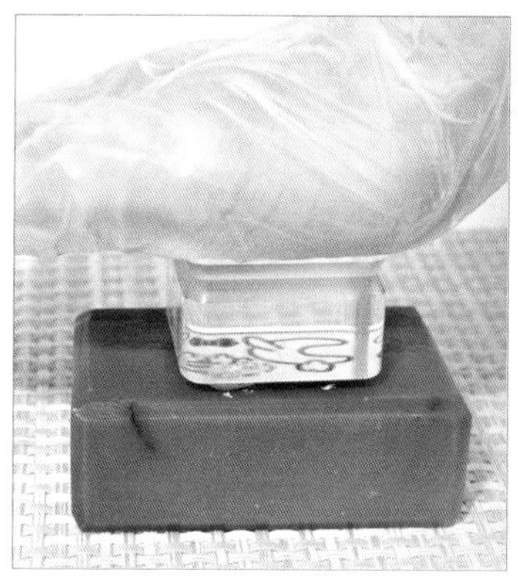

2

修皂后等待2~3天让皂表面的水分稍微蒸发，就可以盖上皂章。在没有任何工具协助下，徒手盖皂章的技巧在于手臂与身体呈直线，再用手掌往下压。

3

皂章边缘压至皂体表面上时，切记不要用力过度，以免整个皂章陷入皂体中。

4

小心取出皂章，如果太过用力拔取，容易破坏皂体表面皂章的美观。

5

完成后，图案边缘若还有一些小皂屑，可用细针或牙签挑出。

孟孟老师小叮咛

适合全家人使用的皂，主要考虑以不同比例的配方制作不同性质的肥皂。只要搭配生活中的材料，扩大适用性，一块皂就能满足全家人的需求。

第1号

手工皂

蕾果紫鸵香甜皂

Emu Oil & Olive Soap

最爱的全方位配方，泡泡绵密，保湿又滋润，
是课堂上呼声很高的一款好皂。

配方比例

		油量(g)	百分比(%)
使用油脂	椰子油	140	28
	棕榈油	85	17
	橄榄油	150	30
	鸵鸟油	90	18
	甜杏仁油	35	7
合　　计		500	100
碱水	氢氧化钠	76	
	水量	183	
精油	广藿香精油	4	
	苦橙叶精油	4	
	薄荷精油	4	
皂液入模总重		771	

步　骤

第一步　准备好所有材料，量好油脂、氢氧化钠。

第二步　使用纯水冰块或冰纯水制作碱水。

第三步　等待碱水降温至35℃以下，慢慢将碱水分几次倒入量好的油脂中，搅拌约20分钟。

第四步　继续搅拌，至皂液呈轻微浓稠状。

第五步　继续搅拌，当皂液比轻微浓稠状再浓一点儿时加入精油，并搅拌均匀。

第六步　继续搅拌至浓稠状。

第七步　入模保温。

第八步　等待两天后脱模。

配方解码

近几年，鸵鸟的经济价值逐渐升高，与其相关的产业日趋发展。鸵鸟油是从鸵鸟背部定期抽取而来，不需杀生。鸵鸟油质地温和、分子细小、渗透性强，且具保湿力，可促进伤口愈合，干燥与裂伤的肌肤使用效果佳。鸵鸟油、甜杏仁油有共同的特性：适合脆弱、敏感的肌肤。把这几种油放在一起，调整好适宜的配方，即可制作出一块全方位的手工皂。

性质表

香皂的性质	数值（依照性质改变）	建议范围（不变）
硬度 Hardness	43	29-54
清洁度 Cleansing	20	12-22
保湿度 Condition	52	44-69
起泡度 Bubbly	20	14-46
稳定度 Creamy	23	16-48
碘价 Iodine	62	41-70
INS	158	136-165

鸵鸟油对于硬度与保湿度的数值有较大影响。本配方中，椰子油与棕榈油的比例虽不高，但添加了18%的鸵鸟油，对于提高硬度颇有帮助。许多制皂者为了加强硬度，特意提高椰子油的比例，但往往却适得其反，造成清洁度提高、保湿度降低的情况，因此，加强硬度的同时提高保湿度，才是这个配方最重要的一环，其中橄榄油、鸵鸟油和甜杏仁油的搭配比例是保湿度最大的影响因素。

鸵鸟油属于动物性油脂，不易存放，因此使用后装油的瓶口一定要用干净的卫生纸擦拭，然后盖好瓶盖，置于冰箱冷藏，避免产生油耗味。

第2号

手工皂

荷荷巴山茶洗发皂

Camellia & Jojoba Shampoo Bar

这是值得一试的配方，也是我一开始接触手工皂就爱上的洗发皂配方，
每学期的课程表一定要安排制作这款洗发皂。

配方比例

		油量(g)	百分比(%)
使用油脂	椰子油	150	30
	棕榈油	90	18
	橄榄油	100	20
	黄金荷荷巴油	45	9
	蓖麻油	45	9
	山茶花油	70	14
合计		500	100
碱水	氢氧化钠	73	
	水量	175	
精油	迷迭香精油	4	
	薰衣草精油	4	
	罗勒精油	4	
皂液入模总重		760	

步骤

第一步　准备好所有材料，量好油脂、氢氧化钠。

第二步　使用纯水冰块或冰纯水制作碱水。

第三步　等待碱水降温至35℃以下，慢慢将碱水分次倒入量好的油脂中，搅拌约20分钟。

第四步　继续搅拌，至皂液呈轻微浓稠状。

第五步　继续搅拌，当皂液比轻微浓稠状再浓一点儿时加入精油，并搅拌均匀。

第六步　继续搅拌至浓稠状。

第七步　入模保温，等待两天后脱模。

配方解码

山茶花油的营养价值及高温中的稳定性可与橄榄油媲美，且含有高抗氧化物质，保湿、渗透性佳，可以锁住皮肤内的水分，用在洗发皂配方中，不仅洗感清爽，也能增加头发的弹性。

配方中搭配荷荷巴油，主要是因为其成分类似人体皮肤中的油脂，具有抗氧化、保湿、滋润与软化头发的特性，安全性高，皮肤容易适应，使用后让人感觉清爽。因为它不容易变质，又能提高保湿效果，使得此配方不仅适合洗发，还适合油性肌肤的人洗脸、沐浴。

性质表

香皂的性质	数值（依照性质改变）	建议范围（不变）
硬度 Hardness	38	29-54
清洁度 Cleansing	20	12-22
保湿度 Condition	50	44-69
起泡度 Bubbly	28	14-46
稳定度 Creamy	25	16-48
碘价 Iodine	57	41-70
INS	149	136-165

本配方皂体硬度不高、偏软，因此使用时耗损比较快。以洗发为主的配方，除了添加促进头皮与发丝健康的油脂之外，重点需要考虑到清洁度和起泡度。若清洁度不佳，洗起来会有黏稠感；若起泡度与稳定度不好，使用中会感到“没有泡沫就洗不干净”。若稍微把蓖麻油的比例提高一些，不但有助于起泡，保湿度也会相应得到提高。

第3号

手工皂

洋甘菊黑糖保湿皂

Chamomile & Brown Sugar Soap

甜甜的蜂蜜添加在皂中，让人享受如同埃及艳后般美丽又绵密的泡沫飨宴。

配方比例

		油量(g)	百分比(%)
使用油脂	棕榈核仁油	125	25
	棕榈油	65	13
	葡萄籽油	100	20
	洋甘菊浸泡橄榄油	110	22
	小麦胚芽油	50	10
	可可脂	50	10
合　　计		500	100
碱水	氢氧化钠	69	
	水量	136	
精油	迷迭香精油	4	
	薰衣草精油	4	
	罗勒精油	4	
添加物	蜂蜜	10	
	黑糖	10	
	水量	30	
皂液入模总重		767	

步　骤

第一步　准备好 100g 干燥的洋甘菊放入 500g 橄榄油中，并浸泡一个月以上。

第二步　准备好所有材料，量好油脂、氢氧化钠。

第三步　以 30g 的水量溶解蜂蜜 10g、黑糖 10g，备用。

第四步　使用纯水冰块或冰纯水制作碱水。

第五步　等待碱水降温至 35℃以下，慢慢将碱水分次倒入量好的油脂中，搅拌约 20 分钟，直到皂液呈轻微浓稠状。

第六步　继续搅拌，直到皂液比轻微浓稠状更浓稠时再加入精油。

第七步　先倒出 100g 皂液，与 50g 黑糖蜂蜜水搅拌，确保搅拌均匀后，再倒回原来的锅子中。

第八步　继续搅拌至浓稠状。

第九步　入模保温。

第十步　等待两天后脱模。

配方解码

洋甘菊在古代欧洲代表着“高贵”，且具有相当高的地位，其显著功效有：放松肌肉、稳定情绪、安神、帮助睡眠、促进伤口愈合、改善肌肤状态等，因此又被称为“大地的苹果”。配方中，洋甘菊浸泡在橄榄油中，除了释放分子到油脂中让皮肤得到养分，另外也间接利用了洋甘菊精油，使用者可以通过嗅觉得到芳疗的效果。

黑糖是未精制的纯糖，对皮肤细胞有抗氧化及修护的作用，需酌量添加入皂，添加的时机以皂液接近轻微浓稠状时为佳。

蜂蜜可以说是最天然的保湿剂，能锁住皮肤水分，增加肌肤弹性与保湿度。蜂蜜中的氨基酸会在皮肤表面形成天然的保护膜，最适合干性和敏感性肌肤。

小贴士

配方中溶解蜂蜜、黑糖的水，可以用牛奶代替。

性质表

香皂的性质	数值(依照性质改变)	建议范围(不变)
硬度 Hardness	39	29-54
清洁度 Cleansing	16	12-22
保湿度 Condition	58	44-69
起泡度 Bubbly	16	14-46
稳定度 Creamy	23	16-48
碘价 Iodine	73	41-70
INS	133	136-165

本配方的碘价太高了。其实碘价与INS值是相互作用的数据，通常碘价愈高，INS值愈低；碘价愈低，INS值愈高。

本配方虽然碘价高，但INS值比较正常。再通过配方性质网页（P.15）仔细检视配方中的饱和脂肪酸与不饱和脂肪酸的比例，发现其也在正常的比例范围之内。

葡萄籽油与小麦胚芽油比例偏高，搅拌过程中因为添加黑糖与蜂蜜的关系，使得其变浓稠的速度加快，请读者们留意浓稠度，以免添加物加入后措手不及。

第4号

手工皂

左手香消炎抗菌皂

Mexican Mint Soap

左手香是辨识度很高的植物，也是入皂的好材料。
通过它的颜色变化，丰富玩皂的经历。

配方比例

		油量(g)	百分比(%)
使用油脂	椰子油	140	28
	棕榈油	90	18
	橄榄油	135	27
	米糠油	85	17
	葵花油	50	10
合计		500	100
碱水	氢氧化钠	75	
	水量	140	
精油	迷迭香精油	7	
	薰衣草精油	5	
添加物	左手香泥	40	
皂液入模总重		767	

步骤

第一步　先摘取左手香100g，放入300ml的纯水中，用电动搅拌棒或果汁机打成细泥状。

第二步　将左手香汁过滤，尽量把叶渣细泥过滤干净，放置一旁备用，再将左手香汁冷藏或制成冰块。

第三步　准备好所有材料，量好油脂、氢氧化钠。

第四步　使用左手香汁制作碱水。

▲ 左手香汁

第五步	等待碱水降温至35℃以下，慢慢将碱水分次倒入量好的油脂中，搅拌约20分钟。
第六步	继续搅拌，至皂液呈轻微浓稠状。
第七步	继续搅拌，当皂液比轻微浓稠状再浓一点儿时，加入精油与左手香泥，并搅拌均匀。
第八步	搅拌至浓稠状。
第九步	入模保温。
第十步	等待两天后脱模。

▲ 将左手香泥入皂

香草添加物解码

左手香又名“到手香”，顾名思义，当用手碰到这种植物时，就可以闻到一股浓郁的香气。

在家庭园艺中，左手香是一种很容易辨认的香草类植物，有预防感冒、退烧、消炎解痛与缓解烫伤的功效。早期医药尚不发达时，当人们遇到头痛、喉咙发炎、牙痛、刀伤等状况时，会把左手香叶片捣碎敷盖伤口或口服，可以减轻症状。现今医药学发达，读者们虽可安心玩皂，放心玩香草，但若有病症还是应先询问医疗专业人士。

栽种方法 扦插法。左手香生命力强，随插随活，并且耐旱喜高温，可全日照，平日需留意排水是否良好。

性质表

香皂的性质	数值（依照性质改变）	建议范围（不变）
硬度 Hardness	41	29-54
清洁度 Cleansing	19	12-22
保湿度 Condition	54	44-69
起泡度 Bubbly	19	14-46
稳定度 Creamy	22	16-48
碘价 Iodine	67	41-70
INS	145	136-165

配方运用

针对配方中的油脂，我会将米糠油与芥花油依照其性质的需求互相代替，两者保湿度与硬度皆不同，特性也不同，可以根据油脂的部分特性相互替换。

提高保湿度的配方变化

用芥花油代替米糠油入皂，所产生的硬度与保湿度的变化较大。芥花油的硬度比米糠油低，但保湿度比米糠油高，因此芥花油代替米糠油后硬度由41变为38，保湿度由54变为58，皂体会稍微软一点儿，因此皂体脱模、切皂的时间可以稍微拉长，让其更美观。

▲ 左手香入皂后，皂体先呈现深绿色，经过晾皂风干后，自然褪色，这张图片显现的便是切皂后第一个星期的颜色噢！

使用油脂	百分比(%)
椰子油	28
棕榈油	18
橄榄油	27
芥花油	17
葵花油	10

性质表

香皂的性质	数值（依照性质改变）	建议范围（不变）
硬度 Hardness	38	29-54
清洁度 Cleansing	19	12-22
保湿度 Condition	58	44-69
起泡度 Bubbly	19	14-46
稳定度 Creamy	19	16-48
碘价 Iodine	67	41-70
INS	143	136-165

同时加强保湿度与起泡度的配方变化

喜欢泡沫多的使用者，可重新调整这个配方：把芥花油的用量减少5%，再增加5%的蓖麻油，就可以让它很奇妙地达到保湿与起泡的双重效果。

使用油脂	百分比(%)
椰子油	28
棕榈油	18
橄榄油	27
芥花油	12
葵花油	10
蓖麻油	5

香皂的性质	数值（依照性质改变）	建议范围（不变）
硬度 Hardness	38	29-54
清洁度 Cleansing	19	12-22
保湿度 Condition	58	44-69
起泡度 Bubbly	23	14-46
稳定度 Creamy	23	16-48
碘价 Iodine	66	41-70
INS	144	136-165

第5号

手工皂

罗勒抗菌洗手皂

Basil Antibacterial Soap

菜碟上的配角，换个装，

随即变为让你远离细菌的主角。

配方比例

		油量(g)	百分比(%)
使用油脂	椰子油	250	50
	棕榈油	125	25
	大豆油	110	22
	蜂蜡	15	3
合计		500	100
碱水	氢氧化钠	81	
	罗勒汁	184	
精油	茶树精油	6	
	罗勒精油	6	
添加物	新鲜罗勒泥	10	
	冰片	5	
皂液入模总重		792	

步骤

第一步　准备好所有材料，量好油脂、氢氧化钠。

第二步　将新鲜罗勒叶30g切碎，与冰纯水混合搅成泥状，再将罗勒叶细泥滤出10g备用。

第三步　使用冰罗勒汁制作碱水。

▶ 罗勒汁

第四步　等待碱水降温至35℃以下，慢慢将碱水分次倒入量好的油脂中，搅拌约20分钟。

第五步　继续搅拌，至皂液呈轻微浓稠状。

第六步　继续搅拌，当皂液比轻微浓稠状再浓一点儿时加入精油，并搅拌均匀。

第七步　将罗勒叶泥10g、冰片5g放入皂液，搅拌至浓稠状。

第八步　入模保温，等待两天后脱模。

▲ 罗勒叶泥入皂

香草添加物解码

罗勒有稳定情绪、止痛、镇定与杀菌的功效，很多人会把罗勒和九层塔画上等号，其实九层塔是罗勒的一种，为亚洲品种，而罗勒的品种有 500 多个。简单来说，亚洲罗勒（九层塔）的味道浓烈，西洋罗勒的味道较淡，且价格较贵。

性质表

香皂的性质	数值（依照性质改变）	建议范围（不变）
硬度 Hardness	56	29-54
清洁度 Cleansing	34	12-22
保湿度 Condition	35	44-69
起泡度 Bubbly	34	14-46
稳定度 Creamy	22	16-48
碘价 Iodine	47	41-70
INS	181	136-165

洗手皂的配方主要强调“稍微提高”清洁度，利用家用油脂和清洁度高的椰子油依比例制作。举例来说，一般沐浴皂的清洁度在12与22之间，我设计的米糠家事护手皂清洁度为54，清洁度与硬度皆要比一般沐浴皂高，但比家事皂低，它对于肌肤的滋润与保护皆比普通家事皂还要好。

配方运用

让性质再温和一些的配方：温和洗手皂。

香皂的性质	数值（依照性质改变）	建议范围（不变）
硬度 Hardness	51	29-54
清洁度 Cleansing	30	12-22
保湿度 Condition	43	44-69
起泡度 Bubbly	30	14-46
稳定度 Creamy	21	16-48
碘价 Iodine	59	41-70
INS	169	136-165

这是适用于手部肌肤较脆弱部分的配方：把椰子油比例从原本的50%降到45%，再搭配对肌肤具有保养、保湿效果的乳油木果脂，使其同时达到清洁、呵护与保养手部脆弱肌肤的三重完美功效。

使用油脂	百分比(%)
椰子油	45
棕榈油	20
葡萄籽油	17
大豆油	15
乳油木果脂	3

第6号

手工皂

优雅马郁兰皂

Elegant Marjoram Soap

小叶的马郁兰和浪漫的薰衣草，伴随着乳油木果脂一起皂化，
具有持久的保湿力与优雅的芬芳。

配方比例

		油量(g)	百分比(%)
使用油脂	椰子油	120	24
	棕榈油	100	20
	薰衣草浸泡橄榄油	195	39
	未精制乳油木果脂	50	10
	葵花油	35	7
合　　计		500	100
碱水	氢氧化钠	74	
	水量	168	
精油	薰衣草精油	4	
	快乐鼠尾草精油	4	
	柠檬精油	4	
添加物	马郁兰叶渣	10	
皂液入模总重		764	

步　骤

第一步　准备好所有材料，量好油脂、氢氧化钠。

第二步　将新鲜的马郁兰叶10g水煮后，与叶渣搅成泥状备用。

第三步　使用纯水冰块或冰纯水制作碱水。

第四步　等待碱水降温至35℃以下，慢慢将碱水分次倒入量好的油脂中，搅拌约20分钟。

▲ 马郁兰叶泥

第五步　继续搅拌，至皂液呈轻微浓稠状。

第六步　继续搅拌，当皂液比轻微浓稠状再浓一点儿时加入精油，并搅拌均匀。

第七步　将马郁兰叶泥 10g 放入皂液。

第八步　搅拌至浓稠状。

第九步　入模保温。

第十步　等待两天后脱模。

香草添加物解码

小叶瓣的马郁兰，看似平凡，然而用手一摸，芳香立现。以热水冲泡马郁兰，味道芬芳，有舒解压力、减少忧虑、调节情绪的功效，对紧张情绪有安抚效果。早期医药不发达时，马郁兰也能外用，用来消瘀血。

性质表

香皂的性质	数值(依照性质改变)	建议范围(不变)
硬度 Hardness	41	29-54
清洁度 Cleansing	16	12-22
保湿度 Condition	56	44-69
起泡度 Bubbly	16	14-46
稳定度 Creamy	25	16-48
碘价 Iodine	61	41-70
INS	148	136-165

成皂后皂体的硬度颇高，因乳油木果脂本身的油脂性质能加强硬度。

配方运用

使用油脂	百分比(%)
椰子油	29
棕榈油	20
薰衣草浸泡橄榄油	26
乳油木果脂	5
葵花油	10
葡萄籽油	10

油性肌肤也能安心使用的配方

为了使油性肌肤使用也能舒服，可调整本配方乳油木果脂比例为5%，保湿度则由其他油脂来增强。若要让皂以保湿度为主，椰子油的搭配比例不能太高，所以其清洁度、起泡度相对变低。

若想要它更有清洁度，就把椰子油比例提高5%，橄榄油比例降低，其余微调，这样的配方在性质上就很适合需要较高清洁度的油性肌肤了。

性质表

香皂的性质	数值(依照性质改变)	建议范围(不变)
硬度 Hardness	42	29-54
清洁度 Cleansing	20	12-22
保湿度 Condition	54	44-69
起泡度 Bubbly	20	14-46
稳定度 Creamy	22	16-48
碘价 Iodine	65	41-70
INS	150	136-165

第7号

手工皂

双色天使皂

Sweet Almond & Castor Oil Soap

皂液的流动如同画布上的粉刷，

刷出柔美自然的线条。

配方比例

		油量(g)	百分比(%)
使用油脂	椰子油	250	25
	棕榈油	180	18
	橄榄油	400	40
	甜杏仁油	100	10
	蓖麻油	70	7
合　计		1000	100
碱水	氢氧化钠	149	
	水量	358	
精油	迷迭香精油	20	
添加物	茜草根粉	2	
	白珠光粉	2	
皂液入模总重		1531	

步　骤

第一步　依照冷制皂的制作步骤与过程，将皂液搅拌至接近轻微浓稠状。

第二步　继续搅拌，当皂液呈轻微浓稠状时加入精油，并搅拌均匀。

第三步　持续搅拌到皂液表面可以明显画出“8”字，此时皂液将接近浓稠状。

第四步　开始分锅。

第五步　倒出皂液200g于量杯中，加入茜草根粉（深红色）2g搅拌均匀。

倒出皂液200g于另一量杯中，加入白珠光粉（白色）2g搅拌均匀。

第六步　把茜草根粉倒入锅内的原色皂液中。

第七步　把白珠光粉皂液混合物倒入锅内的原色皂液中。

第八步　使用温度计或筷子，在皂液表面颜色上划出些许线条。

第九步　　利用线条的流动性，将锅内皂液慢慢倒入皂模中。

第十步　　入模保温。

第十一步　　等待两天后脱模。

▲ 步骤6　　▲ 步骤7-1　　▲ 步骤7-2

▲ 步骤8　　▲ 步骤9　　▲ 步骤10

技法说明

回锅式渲染技法强调须待皂液浓度接近浓稠状时，才开始分锅调色及回锅。如果皂液浓度不够，会让颜色线条不利落也不明显，更看不出线条流动之美。回锅倒入皂液时，要将皂液冲到底，这样切皂后皂液原色看起来才不会太多。步骤8可以依照自己的喜好选择划与不划线条。

添加物解码

在调色草本粉类中，茜草根粉的色彩柔美，常用于分层或渲染技法。添加物量的多少会影响皂液的颜色。在各项技法的颜色运用中，白色珠光粉是一个运用度很高的“配角”。用白珠光粉调配出来的颜色比原本锅内的黄色皂液要白，可以区分出茜草根与原本锅内皂液的颜色。

性质表

香皂的性质	数值(依照性质改变)	建议范围(不变)
硬度 Hardness	36	29-54
清洁度 Cleansing	17	12-22
保湿度 Condition	60	44-69
起泡度 Bubbly	23	14-46
稳定度 Creamy	26	16-48
碘价 Iodine	62	41-70
INS	149	136-165

第8号

手工皂

三色涂鸦皂

Three-Colored Graffiti Soap

浓厚的青黛，绚亮的辣椒红，
看着指尖上的小精灵，醉倒在迷人的线条中。

		油量(g)	百分比(%)
使用油脂	椰子油	270	27
	棕榈油	220	22
	橄榄油	250	25
	甜杏仁油	130	13
	榛果油	80	8
	蓖麻油	50	5
合计		1000	100
碱水	氢氧化钠	150	
	水量	360	
精油	尤加利精油	10	
	快乐鼠尾草精油	10	
添加物	白珠光粉	1.5	
	蓝青黛粉	1	
	红色辣椒萃取液	2	
皂液入模总重		1534.5	

步　骤

第一步　依照冷制皂的制作步骤与过程，将皂液搅拌至接近轻微浓稠状。

第二步　当皂液呈轻微浓稠状时加入精油，并搅拌均匀。

第三步　开始分锅，倒出皂液200g于量杯中，加入1.5g白珠光粉（白色）搅拌均匀。

第四步　倒出皂液200g于另一量杯中,加入蓝青黛粉1g(深蓝色)搅拌均匀。

第五步　倒出皂液200g于第三个量杯中，加入红色辣椒萃取液2g(橘红色)搅拌均匀。

第六步　将大锅与装有三个颜色的皂液的量杯持续搅拌至接近浓稠状。

第七步　将大锅（原皂液）倒入皂模中。

第八步　先考量好三种颜色皂液间隔的宽度。

第九步　将装有白色皂液的量杯稍微提高一些，让皂液呈一条直线从皂模左侧冲入原色皂液中。

第十步　将装有蓝色皂液的量杯稍微提高一些，让皂液呈一条直线从皂模中间冲入原色皂液中。

第十一步　将装有红色皂液的量杯稍微提高一些，让皂液呈一条直线从皂模右侧冲入原色皂液中。

第十二步　使用一双玻璃搅拌棒或筷子，轻触到皂模底部，从两侧连续将皂液来回摆动画出线条。

第十三步　再从左上侧由上往下以大幅度平行“8”字形从两侧画下。

第十四步　从左下角以对角斜线为中心向右上角画出线条。

第十五步　完成后，入模保温，等待两天后脱模。

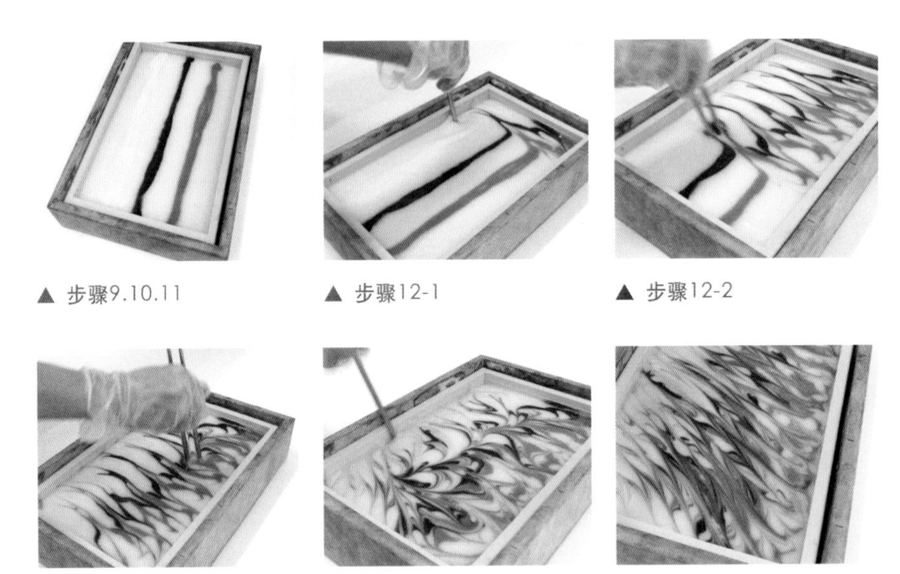

▲ 步骤9.10.11　▲ 步骤12-1　▲ 步骤12-2

▲ 步骤13　▲ 步骤14　▲ 步骤15

技法说明

这款皂总共调出三个颜色，加上原色共四种颜色，如果只有一个人操作，切记要将四种颜色的皂液轮流搅拌均匀，控制皂液入模的最佳浓度。开始画线条时，千万不要多画，要观察线条是否明晰，以不互相吃色的范围为主，多练习就能画出明晰缤纷的线条。

配方解码

挑选的三个颜色都属于皂用颜色，但是添加量都很少，只要一点点就能呈现出鲜明的色泽，所以添加时要小心斟酌。配方中添加了蓖麻油，使得搅拌皂液的时间不会太久，但为了避免加速其皂化而令自己手忙脚乱，其所添加的精油也要小心慎选，要避免使用会加速皂化的精油或香精。

性质表

香皂的性质	数值（依照性质改变）	建议范围（不变）
硬度 Hardness	38	29-54
清洁度 Cleansing	18	12-22
保湿度 Condition	57	44-69
起泡度 Bubbly	23	14-46
稳定度 Creamy	24	16-48
碘价 Iodine	61	41-70
INS	153	136-165

Delightful
手作

第三部分

妈妈适用皂款

女性的肤质偏细致、光滑，
因此在手工皂的油脂配方与添加物搭配中，要注重保湿、润肤、提高养分。
也可以让家中的女性朋友在清洁肌肤的同时，
把具有美容功效的生活食材融入皂中，
间接让肌肤享受到天然的美容飨宴。

第9号

手工皂

澳洲甜心皂

Australia Sweetheart Soap

光看配方就知道是一款滋润度偏高的皂宝宝，
提高滋润度的另一种做法是：超脂。

配方比例

		油量(g)	百分比(%)
使用油脂	棕榈核仁油	130	26
	红棕榈油	100	20
	橄榄油	150	30
	甜杏仁油	55	11
	澳洲胡桃油	40	8
	蓖麻油	25	5
合计		500	100
碱水	氢氧化钠	71	
	水量	180	
精油	迷迭香精油	4	
	薰衣草精油	4	
	玫瑰天竺葵	4	
超脂	开心果油	20	
皂液入模总重		787	

步骤

第一步　准备好所有材料与精油，量好油脂、氢氧化钠，并另外量好15~20g开心果油备用。

第二步　使用纯水冰块或冰纯水制作碱水。

第三步　等待碱水降温至35℃以下，慢慢将碱水分次倒入量好的油脂中，搅拌约20分钟。

第四步　继续搅拌，至皂液呈轻微浓稠状。

第五步　继续搅拌，当皂液比轻微浓稠状再浓一点儿时加入精油，搅拌均匀。

第六步　加入开心果油，继续搅拌至浓稠状。

第七步　在皂液表面确定可以明显画出“8”字。

第八步　入模保温。

第九步　等待两天后脱模。

▲ 红棕榈油呈现的形态

配方解码

开心果油富含维生素E和不饱和脂肪酸，能够抗老化，具有防晒、护肤功能，是滋润度极高的护肤材料。该油脂质地清爽，使用起来不会有油腻感，对于软化皮肤有显著的效果，在护发产品里也被广泛使用。

若在手工皂配方中选择超脂，则不需要减碱。建议在皂液接近浓稠时加入超脂油，因为这添加的少量滋润油脂未与氢氧化钠发生反应，所以保留的养分比较多，使用起来更加滋润。此配方变浓稠的速度比一般皂款还快，所以材料一定要准备充分，以免当皂液变浓稠时，所准备的添加物一样都来不及加。

性质表

香皂的性质	数值（依照性质改变）	建议范围（不变）
硬度 Hardness	36	29-54
清洁度 Cleansing	17	12-22
保湿度 Condition	59	44-69
起泡度 Bubbly	22	14-46
稳定度 Creamy	24	16-48
碘价 Iodine	63	41-70
INS	144	136-165

此款手工皂的油脂配方，并没有把超脂的配方开心果油算进去。软油比例高，会让硬度与清洁度降低，而保湿度提高。从本配方可以看出，硬油的比例低于总油量的50%，单一油品的橄榄油比例高达30%，再搭配其他优质软油油脂，便造就了高保湿度的配方。

孟孟老师小叮咛

手工皂性质中的数值以单纯计算油脂配方得出，不会将超脂算入，因为超脂属后加入的油脂。待全部油脂与氢氧化钠搅拌并皂化后，再强迫性地添加油脂，会让后加的油脂找不到属于它的碱；若残留油脂过多，会影响后续成皂晾皂过程，最明显的就是产生油斑，所以超脂的克数建议不超过总油量的3%，以免影响成皂的品质。

第10号

手工皂

酪梨深层卸妆皂

Avocado Cleansing Soap

温和的酪梨油和保湿的乳木果油呵护细致的肌肤，

适合画淡妆的朋友，可以洗去脸部脏污与淡妆。

配方比例

		油量(g)	百分比(%)
使用油脂	椰子油	115	23
	棕榈油	75	15
	橄榄油	110	22
	未精制乳木果脂	90	18
	未精制酪梨油	110	22
合　计		500	100
碱水	氢氧化钠	73	
	水量	175	
精油	罗勒精油	4	
	玫瑰天竺葵精油	4	
	花梨木精油	4	
添加物	酪梨萃取液	3	
皂液入模总重		763	

步　骤

第一步　准备好所有的材料与精油，量好油脂、氢氧化钠。

第二步　先将未精制的乳木果油、椰子油和棕榈油加热至熔化后，再将其他油脂加入锅中。

第三步　使用纯水冰块或冰纯水制作碱水。

第四步　等待碱水降温至35℃以下，慢慢将碱水分次倒入量好的油脂中，搅拌约20分钟。

第五步　继续搅拌，至皂液呈轻微浓稠状。

第六步　继续搅拌，当皂液比轻微浓稠状再浓一点儿时加入精油，并搅拌均匀。

第七步　继续搅拌至浓稠。

第八步　入模保温。

第九步　等待两天后脱模。

配方解码

未精制酪梨油未经过脱色、脱臭，呈现墨绿色。该油脂不但温和，且用在肌肤上具有深层的清洁效果。对于湿疹、黑斑与皱纹有良好的功效，也适合干性肌肤使用。将新鲜的酪梨打成泥状后取15g果肉，在皂液接近浓稠时添加。

在配方中使用的乳木果油会影响成皂的颜色。使用加纳（未精制）乳木果油成皂呈乳黄色。若想利用油脂制作出淡绿色作品，推荐使用未精制的酪梨油，如此会加强绿色的呈现，但未精制的酪梨油会因为采收的季节与产地不同而有色差。

[01] 精制乳木果油　[02] 未精制乳木果油

配方中的硬油占56%（椰子油、棕榈油、乳木果油），硬度与INS值偏高，成皂后皂体硬度不错。建议在脱模后3～7天内切皂，效果较佳。该配方以脸部清洁为主，橄榄油、乳木果油与未精制酪梨油的搭配比例造就了良好的保湿度。

性质表

香皂的性质	数值（依照性质改变）	建议范围（不变）
硬度 Hardness	42	29-54
清洁度 Cleansing	16	12-22
保湿度 Condition	56	44-69
起泡度 Bubbly	16	14-46
稳定度 Creamy	27	16-48
碘价 Iodine	58	41-70
INS	147	136-165

化浓妆的朋友建议先使用卸妆油将脸部的彩妆卸除。

第11号

手工皂

明亮白雪皂

Bright Snow Soap

在既有的性质概念下，
成功运用瓶底的少量油脂，实现白亮颜色的呈现。

配方比例

		油量(g)	百分比(%)
使用油脂	椰子油	100	20
	棕榈油	85	17
	橄榄油	140	28
	芥花油	35	7
	榛果油	35	7
	蓖麻油	45	9
	鸵鸟油	60	12
合计		500	100
碱水	氢氧化钠	73	
	水量	175	
精油	薰衣草精油	6	
	柠檬精油	6	
皂液入模总重		760	

步　骤

第一步　准备好所有材料与精油，量好油脂、氢氧化钠。

第二步　使用纯水冰块或冰纯水制作碱水。

第三步　等待碱水降温至35℃以下，慢慢将碱水分次倒入量好的油脂中，搅拌约20分钟。

第四步　继续搅拌，至皂液呈轻微浓稠状。

第五步　继续搅拌，当皂液比轻微浓稠状再浓一点儿时加入精油，并搅拌均匀。

第六步　继续搅拌至浓稠状。

第七步　入模保温。

第八步　等待两天后脱模。

配方解码

这款配方是我少数使用多款油脂的一款，从每款油脂中获得不同的功效与养分，尤其少量的鸵鸟油与榛果油，可以提高皂的滋润度，使皂泡沫绵密丰富。其成皂颜色偏白色，是少数颜色较白的配方之一。

鸵鸟油的获取途径比较少，在网络上搜索鸵鸟牧场或贩卖鸵鸟肉的店家通常可以购得。若手边无鸵鸟油，想要用其他油脂代替，可选择精制乳木果油或可可脂。这两款未精制油脂的颜色偏黄，多少会影响到成皂的颜色，若读者不介意成皂颜色，或是想要尝试用别的油脂代替，当然也是没问题的！替换油脂后，香皂性质数值变动不大，实际上使用时则会因为没有添加鸵鸟油而使泡沫的绵密感稍微降低，可以多尝试看看。

性质表

香皂的性质	数值（依照性质改变）	建议范围（不变）
硬度 Hardness	34	29-54
清洁度 Cleansing	14	12-22
保湿度 Condition	61	44-69
起泡度 Bubbly	22	14-46
稳定度 Creamy	28	16-48
碘价 Iodine	69	41-70
INS	140	136-165

第12号

手工皂

迷迭香芬皂

Rosemary Soap

将用于家庭园艺中常见的花花草草浸泡在油脂中，

享受不一样的玩皂乐趣。

配方比例

		油量(g)	百分比(%)
使用油脂	椰子油	140	28
	棕榈油	85	17
	迷迭香 + 香蜂草浸泡橄榄油	150	30
	小麦胚芽油	50	10
	甜杏仁油	50	10
	蓖麻油	25	5
合　计		500	100
碱水	氢氧化钠	75	
	水量	180	
精油	薰衣草精油	4	
	薄荷精油	4	
	迷迭香精油	4	
皂液入模总重		767	

步　骤

第一步　先将干燥的迷迭香与香蜂草各取100g，放入1kg橄榄油中，浸泡至少一个月以上。

第二步　准备好所有材料与精油，量好油脂和氢氧化钠。

第三步　使用纯水冰块或冰纯水制作碱水。

第四步　等待碱水降温至35℃以下，慢慢将碱水分次倒入量好的油脂中，搅拌约20分钟。

第五步　继续搅拌，至皂液呈轻微浓稠状。

第六步　继续搅拌，当皂液比轻微浓稠状再浓一点儿时加入精油，并搅拌均匀。

第七步　继续搅拌至浓稠状。

第八步　入模保温。

第九步　等待两天后脱模。

配方解码

干燥香草浸泡于油脂中，浸泡期间需要不时摇晃，主要是让植物中的有效成分能更多地释放到油脂中。

迷迭香的拉丁文原名意为“海之朝露”，对于迷迭香入皂，大部分制皂者还是偏向用于头发护理。迷迭香具有杀菌功能和高刺激性，高血压、癫痫患者以及孕妇、婴幼儿应避免使用。

香蜂草主产地在法国，是一种很耐寒的植物，即使在零度以下仍是绿油油的一片，很受蜜蜂喜爱，因此又称蜜蜂花。其味道像柠檬，有止痛、稳定情绪的功能。

▲ 迷迭香

▲ 香蜂草

性质表

香皂的性质	数值（依照性质改变）	建议范围（不变）
硬度 Hardness	38	29-54
清洁度 Cleansing	19	12-22
保湿度 Condition	57	44-69
起泡度 Bubbly	23	14-46
稳定度 Creamy	24	16-48
碘价 Iodine	64	41-70
INS	149	136-165

配方应用

增加起泡度的迷迭香洗发皂

我建议将配方调整为蓖麻油比例为 10%，小麦胚芽油比例为 5%，甜杏仁油比例为 8%，其余不变。调整后成皂性质不会改变太多，可放心洗发。对于喜欢泡沫多的使用者，这可是一款可从头洗到脚的全方位好皂噢！

使用油脂	百分比（%）
椰子油	35
棕榈油	17
橄榄油	25
小麦胚芽油	5
甜杏仁油	8
蓖麻油	10

香皂的性质	数值（依照性质改变）	建议范围（不变）
硬度 Hardness	42	29-54
清洁度 Cleansing	24	12-22
保湿度 Condition	53	44-69
起泡度 Bubbly	33	14-46
稳定度 Creamy	27	16-48
碘价 Iodine	57	41-70
INS	161	136-165

第13号

手工皂

豆腐美人皂

Tofu Beauty Soap

豆腐是可以向人体提供高养分、降低胆固醇水平的优质食物，
只需一匙，就能打造出粉嫩美人的专属手工皂。

配方比例

		油量(g)	百分比(%)
使用油脂	棕榈核仁油	130	26
	棕榈油	125	25
	橄榄油	135	27
	葵花油	85	17
	未精制乳木果油	25	5
合　　计		500	100
碱水	氢氧化钠	75	
	水量	140	
精油	广藿香精油	4	
	柠檬精油	4	
	玫瑰天竺葵精油	4	
添加物	豆腐泥	30	
	蜂蜜	10	
后加	葡萄籽萃取液	1	
皂液入模总重		768	

步　骤

第一步　准备好所有材料与精油，量好油脂、氢氧化钠。

第二步　将豆腐与蜂蜜共40g打成泥状备用。

第三步　使用纯水冰块或冰纯水制作碱水。

第四步　等待碱水降温至35℃以下，慢慢将碱水分次倒入量好的油脂中，搅拌约20分钟，直到皂液呈轻微浓稠状。

第五步　继续搅拌，当皂液比轻微浓稠状再浓一点儿时加入精油，并搅拌均匀。

第六步　先倒出100g皂液，与新鲜豆腐蜂蜜泥40g混合，搅拌均匀后加入葡萄籽萃取液，再倒回锅中。

第七步　继续搅拌至浓稠状，并入模保温，等待两天后脱模。

配方解码

豆腐原料中的大豆含有丰富的铁、钼、锰、铜、锌、硒等微量元素，其中以铁含量最高，对于缺铁性贫血症患者有很大的疗效。在美容功效中，豆腐中的天然卵磷脂成分具有滋润作用，丰富的大豆异黄酮素可使皮肤变细致，防止老化，是女性维持皮肤细嫩光泽的内外皆适宜的好食物。

清洁度不是很强是该配方在设计上的主要特点，而成皂本身的保湿度与硬度都够。原配方中保湿度已达54，再加上添加物中有豆腐与蜂蜜，所以皂体脱模时偏软，我们在脱模、切皂阶段不能太心急。称量豆腐泥与蜂蜜要精准，太多添加物会让氢氧化钠与脂肪酸皂化不完全。该配方很适合女性脸部肌肤、小孩与老年人沐浴使用。

性质表

香皂的性质	数值（依照性质改变）	建议范围（不变）
硬度 Hardness	40	29-54
清洁度 Cleansing	17	12-22
保湿度 Condition	57	44-69
起泡度 Bubbly	17	14-46
稳定度 Creamy	24	16-48
碘价 Iodine	67	41-70
INS	139	136-165

第14号

手工皂

茯苓瓜瓜皂

Poria Cocos Soap

小黄瓜和茯苓的搭配，是绝配，是挑战，也有另一种美感。

配方比例

		油量(g)	百分比(%)
使用油脂	椰子油	135	27
	棕榈油	100	20
	米糠油	150	30
	山茶花油	75	15
	精制酪梨油	40	8
合计		500	100
碱水	氢氧化钠	75	
	小黄瓜汁	170	
精油	柠檬尤加利精油	4	
	快乐鼠尾草精油	4	
	茶树精油	4	
添加物	小黄瓜泥	10	
	白茯苓粉	2	
后加	葡萄籽萃取液	1	
皂液入模总重		770	

步骤

第一步　准备好所有材料与精油，量好油脂、氢氧化钠。

第二步　将小黄瓜带皮切丁，搅拌成泥状，滤出170g小黄瓜汁备用。

第三步　使用小黄瓜汁制成的冰块或冰水制作碱水。

第四步　等待碱水降温至35℃以下，慢慢将碱水分次倒入量好的油脂中，搅拌约20分钟。

第五步　继续搅拌，当皂液浓度比轻微浓稠状再浓一点儿时加入精油，并搅拌均匀。

第六步　继续搅拌，感觉到皂液搅拌多了一些阻力时，再将2g白茯苓粉与10g小黄瓜泥倒入。

第七步　添加物与皂液混合搅拌均匀后，再加入葡萄籽萃取液10滴。

第八步　继续搅拌至浓稠状。

第九步　入模保温。

第十步　等待两天后脱模。

配方解码

便宜又好用的小黄瓜，绿色的外皮富含绿原酸和咖啡酸，有消炎、抗菌的功效。坊间推崇小黄瓜的美容效果，主要因为它有润肤、防晒、活血、抗氧化、清洁肌肤等功效。将黄瓜连同外皮搅烂入皂，脱模后成皂会有绿色小斑点，可爱美观。以小黄瓜汁为基底后，选择的精油也应偏向抗菌、消炎、修复小伤口。白茯苓性温、低过敏，且具有去除黑色素、祛痘、滋润美白肌肤等功效，不但可以将

◀ 白茯苓粉

其薄薄湿敷在肌肤上，也可酌量添加于手工皂中，我们还可以尝试适量搭配蜂蜜、小黄瓜或牛奶制皂。

天然的小黄瓜汁配上白茯苓粉，熟成后的颜色会逐渐褪成浅绿色，若小黄瓜汁浓度不高，颜色会更淡。添加的小黄瓜泥形成的小绿点，也会逐渐褪色。本配方主要针对一般肌肤的夏日清洁及油性肌肤使用。从参考表格得知，这块皂的五度都算高，但却不会因为清洁度高而造成保湿度低的问题，其油脂搭配技巧在于除了掌握好椰子油与硬油的比例外，其他单品油脂也要挑选恰当。

性质表

香皂的性质	数值（依照性质改变）	建议范围（不变）
硬度 Hardness	43	29-54
清洁度Cleansing	19	12-22
保湿度 Condition	52	44-69
起泡度 Bubbly	19	14-46
稳定度 Creamy	24	16-48
碘价 Iodine	66	41-70
INS	144	136-165

孟孟老师小叮咛

若想制作夏日洗颜皂，可以将椰子油比例降低7%，用葡萄籽油补足，适合油性肌肤，不但清爽又具有清洁力，且可以使肌肤同时得到保湿的效果。

第15号

手工皂

清凉芦荟皂

Aloe Soap

夏日清凉好皂，深受众人喜爱，
是绝对不能错过的皂款。

配方比例

		油量(g)	百分比(%)
使用油脂	椰子油	150	30
	棕榈油	75	15
	橄榄油	175	35
	芥花油	50	10
	黄金荷荷巴油	25	5
	蓖麻油	25	5
合计		500	100
碱水	氢氧化钠	74	
	芦荟泥	178	
精油	花梨木精油	4	
	山鸡椒精油	4	
	薰衣草精油	4	
后加	葡萄籽萃取液	1	
皂液入模总重		765	

步骤

第一步　准备好所有材料与精油，量好油脂、氢氧化钠。

第二步　将芦荟打成泥状，过筛后，称量178g备用。

第三步　使用冰芦荟汁制作碱水。

第四步　等待碱水降温至35℃以下，慢慢将碱水分次倒入量好的油脂中，搅拌约20分钟，直到皂液呈轻微浓稠状。

第五步　继续搅拌，当皂液浓度比轻微浓稠状再浓一点儿时加入精油，并搅拌均匀。

第六步　加入葡萄籽萃取液10滴。

第七步　继续搅拌至浓稠。

第八步　入模保温。

第九步　等待两天后脱模。

性质表

香皂的性质	数值（依照性质改变）	建议范围（不变）
硬度 Hardness	39	29-54
清洁度 Cleansing	20	12-22
保湿度 Condition	52	44-69
起泡度 Bubbly	25	14-46
稳定度 Creamy	25	16-48
碘价 Iodine	61	41-70
INS	147	136-165

配方解码

芦荟具有抗菌、促进伤口愈合、提高免疫力与外用治湿癣等功能，是一种在家庭院子和阳台上都容易栽种的植物。早在公元前14世纪，埃及皇后就已使用芦荟进行美容，近年来因为科技的发达，许多国家都对芦荟进行研发，将其应用于食品与化妆用品中。

芦荟入皂有两种方法，一是用芦荟泥直接代替纯水；二是当皂液轻微变浓稠时，使用后加方法加入皂液中。我喜欢用芦荟汁代替纯水制作碱水，不但能从中感受到使用添加物的乐趣，也能进一步观察、了解芦荟汁溶碱时所产生的变化。

本配方的清洁度与保湿度都很不错，比例为 35% 的橄榄油所贡献的保湿度占了大部分，蓖麻油不但对起泡度有较大的影响，而且对保湿度也有某种程度上的贡献。

配方应用

油脂搭配中的黄金荷荷巴油单价较高，如果手边没有荷荷巴油，可以使用乳木果油代替，它们的性质不会相差太多，也能稍微提高硬度。

虽然两种油脂互换使用，成皂性质相差不多，但在皂体特色上会有些许变化。例如，换成乳油木果脂后，能有效提高肌肤所需的修护与保湿功效，补足原本配方中修护度不足的缺点。但若针对夏天油性肌肤使用，乳油木果脂比例应控制在 5% 左右较恰当，避免因过度滋润而令肌肤长痘痘。

使用油脂	百分比(%)
椰子油	29
棕榈油	15
橄榄油	35
山茶花油	10
乳油木果脂	5
蓖麻油	6

香皂的性质	数值(依照性质改变)	建议范围(不变)
硬度 Hardness	39	29-54
清洁度 Cleansing	20	12-22
保湿度 Condition	57	44-69
起泡度 Bubbly	25	14-46
稳定度 Creamy	25	16-48
碘价 Iodine	60	41-70
INS	150	136-165

第16号

手工皂

薰衣草珠光皂

Lavender Pearl Soap

皂用色粉依照用量多寡，可以呈现深浅不同的颜色，
少量的紫色加上薰衣草精油，浪漫的紫色氛围就围绕在身边。

配方比例

		油量(g)	百分比(%)
使用油脂	椰子油	250	25
	棕榈油	200	20
	橄榄油	270	27
	芥花油	100	10
	榛果油	130	13
	蓖麻油	50	5
合	计	1000	100
碱水	氢氧化钠	150	
	水量	360	
精油	薰衣草精油	8	
	柠檬精油	8	
	花梨木精油	4	
添加物	紫色色粉	1	
	白珠光粉	2	
皂液入模总重		1533	

步　骤

第一步　依照冷制皂的制作步骤与过程，将皂液搅拌至接近轻微浓稠状。

第二步　继续搅拌，当皂液呈轻微浓稠状时加入精油，并搅拌均匀。

第三步　开始分锅，在两个量杯中分别倒入皂液 300g。

第四步　调色：一杯皂液加入紫色色粉，一杯皂液加入白珠光粉。

第五步　持续将大锅与量杯中的皂液搅拌至接近浓稠状。

第六步　将大锅的原皂液倒入皂模中。

第七步　从皂模中间开始，向两侧分别间隔倒入紫色、白色、紫色、白色各150g。

第八步　将筷子或玻璃棒插入皂液，轻触到皂模底部，从两侧连续将皂液来回左右画出线条。

第九步　完成后，入模保温，等待两天后脱模。

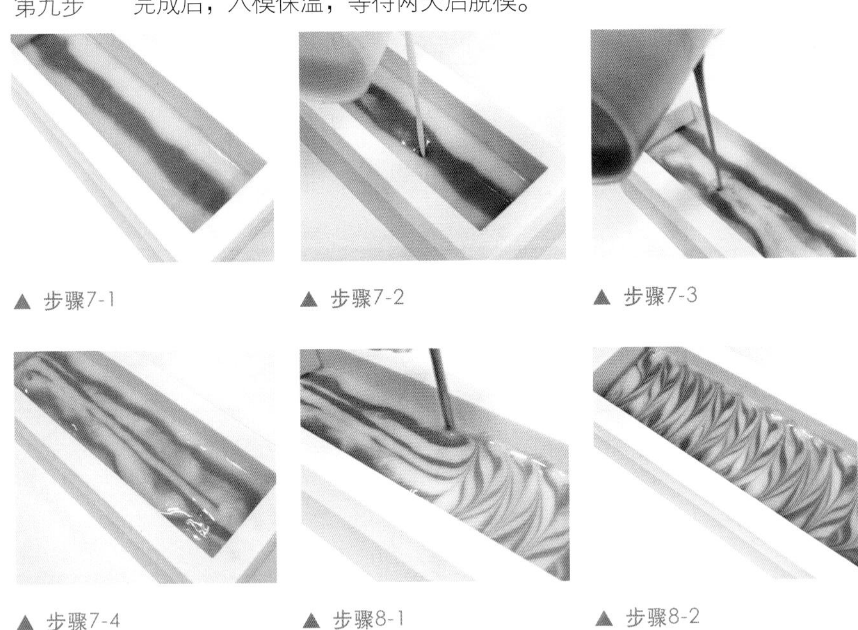

▲ 步骤7-1　▲ 步骤7-2　▲ 步骤7-3

▲ 步骤7-4　▲ 步骤8-1　▲ 步骤8-2

技法说明

此技法适用于深度为6厘米以上的吐司模，重复在中间做重叠颜色的技法，以左右渲染画法为主，小量杯中的颜色每次只能倒约150g皂液入模。

配方解码

单纯以保湿度来说，茶花油的保湿度不会输给榛果油，两者的百分比占总油量的23%，拥有相当不错的保湿度。配方中添加5%的蓖麻油，会让搅拌的时间缩短，因为蓖麻油是一款会微微加速皂液浓稠的油脂，若只有一个人面对多个量杯，怕错失最佳渲染时间点，建议用小麦胚芽油或橄榄油取代蓖麻油，因为浓稠速度变慢，才能有更多时间观察皂液的浓稠度变化。手工皂性质不会因此有太多差别，读者们可以利用手边的油脂试试看。

性质表

香皂的性质	数值(依照性质改变)	建议范围(不变)
硬度 Hardness	37	29-54
清洁度 Cleansing	17	12-22
保湿度 Condition	56	44-69
起泡度 Bubbly	17	14-46
稳定度 Creamy	21	16-48
碘价 Iodine	61	41-70
INS	148	136-165

配方应用

以橄榄油增加5%为例。

使用油脂	椰子油	棕榈油	橄榄油	芥花油	榛果油
百分比(%)	25	20	32	10	13

香皂的性质	数值(依照性质改变)	建议范围(不变)
硬度 Hardness	38	29-54
清洁度 Cleansing	17	12-22
保湿度 Condition	56	44-69
起泡度 Bubbly	17	14-46
稳定度 Creamy	21	16-48
碘价 Iodine	61	41-70
INS	148	136-165

第17号

手工皂

米糠家事护手皂

Rice Bran Oil Soap

来自传统米店的米糠，是最天然、最环保、最朴实的便宜好材料。

配方比例

		油量(g)	百分比(%)
使用油脂	椰子油	400	80
	棕榈油	50	10
	葵花油	50	10
合　　计		500	100
碱水	氢氧化钠	90	
	水量	200	
精油	柠檬尤加利精油	12	
添加物	米糠粉	5	
皂液入模总重		807	

步　骤

第一步　准备好所有材料与精油，量好油脂、氢氧化钠。

第二步　量好 5g 米糠粉备用。

第三步　使用纯水冰块或冰纯水制作碱水。

第四步　等待碱水降温至 35℃以下，慢慢将碱水分次倒入量好的油脂中，搅拌约 20 分钟，直到皂液呈轻微浓稠状。

第五步　继续搅拌，当皂液浓度比轻微浓稠状再浓一点儿时加入精油，并搅拌均匀。

第六步　将皂模倾斜放置好，倒出 300g 皂液，添加米糠粉搅拌均匀，再倒入模中铺底。

第七步　剩余皂液继续搅拌至浓稠状后，随意倒入皂模中，制作出不规则的曲线分层效果。

第八步　入模保温。

第九步　等待两天后脱模。

配方解码

80%的椰子油搭配一点葵花油，是我喜欢的油脂配方。椰子油清洁度好，葵花油保湿度好，小比例添加可以稍平衡皂的性质。

添加物米糠粉是米店加工食用米后余下的稻谷外壳混合物，不能食用，但能清洁家庭油腻碗盘，将少量添加于沐浴皂中，不仅能去除老旧角质，也能达到清洁的效果。

家事皂并非使用在身体上，因椰子油比例很高，所以其清洁度、硬度高，但保湿度不佳。适当地添加容易取得的厨房油脂，例如葡萄籽油、橄榄油、葵花油等等，都能稍微提高皂的保湿度，成为额外护手的油脂配方。

性质表

香皂的性质	数值（依照性质改变）	建议范围（不变）
硬度 Hardness	69	29-54
清洁度 Cleansing	54	12-22
保湿度 Condition	22	44-69
起泡度 Bubbly	54	14-46
稳定度 Creamy	16	16-48
碘价 Iodine	27	41-70
INS	227	136-165

第18号

手工皂

缤纷橘油家事清洁皂

Orange Clear Soap

帮单色系的家事皂穿上色彩缤纷的新衣。

配方比例

		油量(g)	百分比(%)
使用油脂	椰子油	375	75
	棕榈油	50	10
	葡萄籽油	75	15
合计		500	100
碱水	氢氧化钠	88	
	水量	195	
添加物	橘油	15	
	皂边	150	
皂液入模总重		948	

步骤

第一步　准备好所有材料，量好油脂、氢氧化钠。

第二步　称量 150g 皂边，切碎备用。

第三步　使用纯水冰块或冰纯水制作碱水。

第四步　等待碱水降温至 35℃以下，慢慢将碱水分次倒入量好的油脂中，搅拌约 20 分钟，直到皂液呈轻微浓稠状。

第五步　把皂边放入皂液中混合，搅拌均匀。

第六步　继续搅拌，当皂液浓度比轻微浓稠状再浓一点儿时加入橘油，并搅拌均匀。

第七步　搅拌至浓稠状后入模。

第八步　保温两天后脱模。

配方配方

橘油萃取自柑橘类果皮，味道芬芳、去污力强，是有机溶剂的一种，也是天然的去污剂，不会造成环境污染，又能大大提高清洁效果，添加在手工皂中，可以额外提高清洁度，散发出淡淡的橘香味。若大量使用则有腐蚀性，还是需要小心。若手边没有橘油原料，可以搜集五六块橘子皮，水煮后将其滤汁溶碱。同样是家事皂，但这款皂跟“米糠家事护手皂”相比，油脂比例却不同，原因在于其添加物的不同。米糠粉虽可以清洁油腻物，但是它的清洁度比橘油低，在调整配方时，须考虑添加物的特性，这也是橘油家事皂的椰子油比例低，而米糠家事皂椰子油比例偏高的原因。

一大块手工皂，难免会有一两处破损，或边边冒出小油斑，最方便的处理方式就是直接让它再次运用到皂条中。

利用不同颜色的皂边，就能为单一颜色的家事皂增添缤纷的色彩。将皂刨成丝，或是用水果刀尽量切成小块状。为了让家事皂仍然具有较强的清洁功能，用于皂边刨丝的量需低于总重的三分之一。此外，皂丝已经是固体，不会再皂化，保温时温度也不会上升，因此制皂时要控制皂丝的比例。

性质表

香皂的性质	数值(依照性质改变)	建议范围(不变)
硬度 Hardness	66	29-54
清洁度 Cleansing	50	12-22
保湿度 Condition	26	44-69
起泡度 Bubbly	50	14-46
稳定度 Creamy	16	16-48
碘价 Iodine	32	41-70
INS	218	136-165

Delightful

第四部分

爸爸适用皂款

辛苦的爸爸外出工作回家，来一块属于爸爸的皂吧!

男性除了汗腺发达、头发出油量多之外，皮肤也需要精心的保养!

配方中首重清洁与舒缓。

此篇运用了许多家庭园艺中香草的特性，

以满足男性肌肤或偏油性肌肤的需求。

第19号

手工皂

咖啡角质沐浴皂

Coffee Exfoliating Soap

咖啡渣与甜杏仁油碰撞出奇妙的火花。

配方比例

		油量(g)	百分比(%)
使用油脂	椰子油	150	30
	棕榈油	100	20
	橄榄油	125	25
	蓖麻油	25	5
	甜杏仁油	50	10
	乳木果油	50	10
合　　计		500	100
碱水	氢氧化钠	76	
	水量	182	
精油	茶树精油	6	
	花梨木精油	6	
添加物	干燥的咖啡渣	3	
皂液入模总重		773	

步　骤

第一步　准备好所有材料，量好油脂和氢氧化钠。

第二步　量好3g咖啡渣备用。

第三步　使用纯水冰块或冰纯水制作碱水。

第四步　等待碱水降温至35℃以下，慢慢将碱水分次倒入量好的油脂中，搅拌约20分钟，直到皂液呈轻微浓稠状。

第五步　继续搅拌，当皂液比轻微浓稠状再浓一点儿时加入精油，并搅拌均匀。

第六步　继续搅拌，当感觉搅拌皂液时多了一些阻力时，将咖啡渣倒入。

第七步　继续搅拌至浓稠状。

第八步　入模保温，等待两天后脱模。

配方解码

此配方从搅拌到入模，过程不会太久，务必将所有材料都先准备好，以免慌乱。咖啡渣使用前一定要先晒干，不然容易发霉，影响成皂质量。其干燥方法有：日晒晾干；平铺于盘子上放入微波炉、烤炉中烘烤五分钟；用平底锅加热干炒后放凉。咖啡渣具有磨砂感，有紧致皮肤的效果；甜杏仁油的渗透力佳，对于肌肤有相当的保湿效果，适合干性与敏感性肌肤。两者搭配，除了能去除老旧角质之外，还能保湿滋润，可谓相得益彰。

性质表

香皂的性质	数值（依照性质改变）	建议范围（不变）
硬度 Hardness	43	29-54
清洁度 Cleansing	20	12-22
保湿度 Condition	53	44-69
起泡度 Bubbly	25	14-46
稳定度 Creamy	27	16-48
碘价 Iodine	55	41-70
INS	159	136-165

配方应用

由于本配方以添加物咖啡渣为主，因此在保湿度与油脂的修复特性上，需稍加留意，不需要再刻意添加清洁度高的油脂了。蓖麻油是软油油脂配方中少见的能够同时提高起泡度与保湿度的特殊油脂，适当添加对保湿度与起泡度非常有益。如果搭配的油脂中，一直无法将单一保湿度提高，可考虑添加少许比例的蓖麻油，但是它的比例过高则容易让手工皂洗感黏腻，可以依照自己的喜好，添加 5% ~ 10% 的蓖麻油来调整配方。

第20号

手工皂

彩虹分层皂

Rainbow Soap

皂用粉类用量不多，但一次就要购入30~50g，
不如把颜色相近的粉类集合起来，来款缤纷华丽的彩虹皂。

配方比例

		油量(g)	百分比(%)
使用油脂	椰子油	280	28
	棕榈油	130	13
	芥花油	350	35
	葡萄籽油	100	10
	可可脂	40	4
	乳木果油	100	10
合　计		1000	100
碱水	氢氧化钠	149	
	水量	380	
精油	薰衣草精油	10	
	加速皂化香精或精油 每层1g	7	
添加物	蛋黄油每层9滴， 七层共63滴	3.5	
	每层颜色粉类各约0.3g	2.1	
皂液入模总重		1543	

步　骤

第一步　准备七个量杯。

第二步　依照冷制皂的制作步骤与过程，将皂液搅拌至接近轻微浓稠状。

第三步　继续搅拌，当皂液呈轻微浓稠状时加入薰衣草精油，并搅拌均匀。

第四步　通过公式：(油量 1000g ＋水量 358g ＋氢氧化钠 149g ） / 7 种颜色≈每层 215g，由此计算出每添加一种颜色需倒出 215g 皂液。

第五步　由锅内倒出 215g 皂液于量杯里，先用红色皂用粉调色，搅拌均匀后，加入 9 滴蛋黄油、1g 加速皂化香精或精油，搅拌均匀后入膜第一层。

第六步　继续搅拌锅内皂液，观察入模的第一层皂液表面是否完全干硬。

第七步　确定第一层皂液干硬后，即可倒出第二杯 215g 皂液。用橙色皂用粉调色，搅拌均匀后，加入 9 滴蛋黄油、1g 加速皂化香精或精油，搅拌均匀后入膜第二层。

第八步　观察前一层皂液表面是否完全干硬。

第九步　确定表层干硬后，继续重复第五至八步，直到将所有颜色的皂液入模。

▲ 步骤5

▲ 步骤7

▲ 步骤9

从第七步在每一杯皂液要铺上去之前，都要用大刮刀接住皂液，避免破坏上一层铺平的皂液表层。

第十步　全部入模后，尽快将皂条入保温箱。

第十一步　等待两天后脱模。

技法说明

皂液分锅后，加9滴蛋黄油与1g加速皂化的精油或香精，其主要目的是加速浓稠。每一层皂液的蛋黄油、精油或香精必须在入模前添加，千万不要先添加，以免全部皂液都变浓稠，造成难入模与搅拌不均匀的情况。

配方解码

蛋黄油含丰富的卵磷脂和高密度脂蛋白（优质胆固醇），能修护与滋润肌肤，也可用于一般小面积烧烫伤等皮肤外伤，改善肌肤粗糙、富贵手等。由性质表中得知，这块皂的保湿度高，硬度尚可。整锅皂液中都添加了不等量的色粉，皂液中添加色粉的好处是能稍微加强硬度，缺点是保湿度不佳。因此我会在添加色粉的配方中，特别加强保湿度，以平衡皂的性质。

性质表

香皂的性质	数值（依照性质改变）	建议范围（不变）
硬度 Hardness	39	29-54
清洁度 Cleansing	19	12-22
保湿度 Condition	57	44-69
起泡度 Bubbly	19	14-46
稳定度 Creamy	20	16-48
碘价 Iodine	69	41-70
INS	135	136-165

第21号

手工皂

苦楝茶树薄荷皂

China Tree Soap

当苦楝油的味道逐渐散去，

就是享受沐浴的时候了。

配方比例

		油量(g)	百分比(%)
使用油脂	椰子油	150	30
	棕榈油	75	15
	苦楝油	165	33
	未精制酪梨油	75	15
	蓖麻油	35	7
合计		500	100
碱水	氢氧化钠	76	
	水量	182	
精油	茶树精油	3	
	柠檬香茅精油	3	
	广藿香精油	3	
	苦橙叶精油	3	
添加物	薏仁茯苓面膜粉	10	
	薄荷脑	8	
皂液入模总重		788	

步骤

第一步　将薄荷脑磨细，量好备用。

第二步　准备好所有材料，量好油脂、氢氧化钠。

第三步　使用纯水冰块或冰纯水制作碱水。

第四步　等待碱水降温至35℃以下，慢慢将碱水分次倒入量好的油脂中，搅拌约20分钟，直到皂液呈轻微浓稠状。

▲ 薄荷脑粉

第五步　继续搅拌，当皂液比轻微浓稠状再浓一点儿时加入精油，并搅拌均匀。

第六步　将薏仁茯苓面膜粉10g、薄荷脑8g分次少量放入皂液中。

第七步　继续搅拌至浓稠状。入模保温，等待两天后脱模。

配方解码

苦楝油主要用于治疗皮肤问题，其内含印楝素成分，在印度草药中已被广泛用于抗菌、防病毒与预防感染，能与精油搭配，对于伤口、霉菌都具疗效。制作这款手工皂所需时间不长，皂液变浓稠的速度很快，需把所有添加物与精油都准备好，以免慌乱。本配方主要针对油性肌肤，椰子油占总油量的比例偏高，因此最直接显现出来的就是清洁度与起泡度数值，其相对的INS值也高。这款皂性质中比较特殊的是它的稳定度高达31，主要因素在于高比例的苦楝油稳定性高，再搭配蓖麻油的起泡度与稳定度，更会加分。

性质表

香皂的性质	数值(依照性质改变)	建议范围(不变)
硬度 Hardness	45	29-54
清洁度 Cleansing	20	12-22
保湿度 Condition	49	44-69
起泡度 Bubbly	27	14-46
稳定度 Creamy	31	16-48
碘价 Iodine	59	41-70
INS	162	136-165

薏仁茯苓面膜粉与薄荷脑皆可在手工皂材料店或中药店购得。

第22号

手工皂

消除疲劳快乐宣言皂

Camellia Soap

香草透过蒸汽，可让人体达到放松的效果，
草本精油的小精灵也躲在皂中，通过沐浴洗去一天的疲惫。

配方比例

		油量(g)	百分比(%)
使用油脂	椰子油	150	30
	棕榈油	100	20
	橄榄油	150	30
	山茶花油	75	15
	蓖麻油	25	5
合　计		500	100
碱水	氢氧化钠	76	
	香草汁	182	
精油	广藿香精油	2	
	苦橙叶精油	3	
	薰衣草精油	3	
	柠檬香茅精油	2	
	薄荷精油	2	
皂液入模总重		770	

步　骤

第一步　取柠檬香茅、薄荷、香蜂草三种香草各50g，放入1000ml水中煮沸，再以小火继续煮约10分钟。

第二步　香草过滤后，将香草汁冷藏或制成香草冰块备用。

第三步　准备好所有材料，量好油脂和氢氧化钠。

第四步　称量好香草汁182g，代替纯水溶碱。

第五步　等待碱水降温至35℃以下，慢慢将碱水分次倒入量好的油脂中，搅拌约20分钟，直到皂液呈轻微浓稠状。

第六步　继续搅拌，当皂液比轻微浓稠状再浓一点儿时加入精油，并搅拌均匀，直至它变为浓稠状。

第七步　入模保温。

第八步　等待两天后脱模。

配方解码

我特意挑选山茶花油，是因为它不但可改善粗糙的肤质，对于头发也有滋养、保护的效果，是我极力推荐的一款油品。从配方性质可以看出，该皂的清洁度、保湿度、起泡度不错，适合沐浴与洗发。

香草添加物解码

柠檬香茅

柠檬香茅是具有极高经济价值的香草作物，它可使头脑清晰、美肤、利尿、杀菌、促进血液循环，用它提炼精油，其出油量很高。

在家庭园艺中可以取较大型的盆栽容器种植，只要充足的日照与水分就可以让柠檬香茅长得很漂亮。

香蜂草

香蜂草与薄荷十分相似，其简单的辨识方法是取一片叶子搓揉后，有浓郁柠檬气味的是香蜂草。

在相关香草类中，香蜂草的镇静效果最温和，同时杀菌效果也很强，其精油具有安神、增强脑力、减轻忧虑等功效，我比较喜爱用新鲜草叶入皂，不仅做出的手工皂颜色美观，也能用周边材料增添生活和制皂的乐趣。

栽种方法 以扦插方式培育，发芽速度快，但要避免夏日高温造成叶片发黑。香蜂草不耐干燥，水分与养分需求偏多。

性质表

香皂的性质	数值(依照性质改变)	建议范围(不变)
硬度 Hardness	40	29-54
清洁度 Cleansing	20	12-22
保湿度 Condition	55	44-69
起泡度 Bubbly	25	14-46
稳定度 Creamy	25	16-48
碘价 Iodine	56	41-70
INS	159	136-165

第23号

手工皂

醒脑薄荷活力皂

Mint Soap

消除一天的疲惫，渗透到脑中的天然草本香气，

完全放松的沐浴时光。

配方比例

		油量(g)	百分比(%)
使用油脂	椰子油	150	30
	棕榈油	85	17
	榛果油	115	23
	米糠油	100	20
	葵花油	50	10
合　　计		500	100
碱水	氢氧化钠	78	
	香草汁	187	
精油	薄荷精油	4	
	薄荷尤加利精油	4	
	广藿香精油	4	
添加物	薄荷脑	8	
皂液入模总重		785	

步　骤

第一步　取迷迭香、薄荷叶、干玫瑰花三种香草各50g，加到1000ml水中煮沸，再以小火继续煮约10分钟。

第二步　将香草残渣过滤后，将香草汁冷藏或制成香草冰块备用。

第三步　将薄荷脑磨细，并备好所有材料，量好油脂、氢氧化钠。

第四步　称量好香草汁，代替纯水溶碱。

第五步　等待碱水降温至35℃以下，慢慢将碱水分次倒入量好的油脂中，搅拌约20分钟，直到皂液呈轻微浓稠状。

第六步　继续搅拌，当皂液比轻微浓稠状再浓一点儿时加入精油与薄荷脑，并搅拌均匀，直至浓稠状。接着将其入模保温，等待两天后脱模。

配方解码

配方中添加了市售食用葵花油，与皂用油脂不同的是，须留心它含有许多不皂化物（如维生素A、防腐剂等不能与氢氧化钠反应成皂的物质），会影响成皂的质量以及晾皂过程，因此也较容易产生油斑而酸败，可以利用充分搅拌与良好的晾皂环境，减少油斑与酸败产生的概率。

香草添加物解码

迷迭香

迷迭香具有很高的经济价值，在欧美等国家颇受重视。具有促进血液循环、抗菌、抗霉、杀菌、消除、放松紧张情绪与治疗忧郁的功效，外用则可治疗皮肤问题。

栽种方法 以顶芽扦插较佳，半日照，但夏季太热时要留意，土壤看似有点干时再浇水，过多的水分反而会加速迷迭香死亡。

薄荷

薄荷品种很多，可以提神醒脑、清热解毒，是家庭园艺中最常见、应用最多、最容易植栽的香草植物。

扦插法，只要水分足够，其存活力会很强。薄荷叶的清香很容易引来小虫，若用制皂用的苦楝油加水微量喷洒，即能有效防治虫害。

性质表

香皂的性质	数值（依照性质改变）	建议范围（不变）
硬度 Hardness	40	29-54
清洁度 Cleansing	20	12-22
保湿度 Condition	53	44-69
起泡度 Bubbly	20	14-46
稳定度 Creamy	20	16-48
碘价 Iodine	70	41-70
INS	144	136-165

配方应用

若不想添加市售的葵花油，可以考虑用小麦胚芽油代替，差别在于它们的油脂单价不同，但是成皂性质数值基本只差一个数，整体变化不大。

使用油脂	百分比(%)
椰子油	30
棕榈油	17
榛果油	23
米糠油	20
小麦胚芽油	10

性质表

香皂的性质	数值（依照性质改变）	建议范围（不变）
硬度 Hardness	41	29-54
清洁度 Cleansing	20	12-22
保湿度 Condition	52	44-69
起泡度 Bubbly	20	14-46
稳定度 Creamy	21	16-48
碘价 Iodine	69	41-70
INS	143	136-165

第24号

手工皂

啤酒酵母皂

Brewers Yeast Soap

先体验一下活酵母啤酒在口腔里是多么不安分地窜逃，

现在我把它们锁在你的手工皂里。

配方比例

		油量(g)	百分比(%)
使用油脂	椰子油	140	28
	硬棕榈油	50	10
	橄榄油	175	35
	小麦胚芽油	50	10
	芒果脂	85	17
合　　计		500	100
碱水	氢氧化钠	75	
	水量	90	
	新鲜啤酒酵母	90	
精油	广藿香精油	4	
	山鸡椒精油	4	
	罗勒精油	4	
皂液入模总重		767	

步　骤

第一步　先将啤酒酵母放入冰箱中冷藏，并备好所有材料，量好油脂、氢氧化钠。

第二步　使用纯水冰块或冰纯水制作碱水。

第三步　等待碱水降温至35℃以下，慢慢将啤酒酵母90g分次倒入碱水中。

第四步　再次等待碱水温度降低后，慢慢将碱水分次倒入量好的油脂中，搅拌约20分钟，直到皂液呈轻微浓稠状。

▲ 啤酒酵母制作碱水的颜色

第五步　继续搅拌，当皂液浓度比轻微浓稠状再浓一点儿时加入精油，并搅拌均匀。

第六步　继续搅拌至浓稠状。

第七步　入模保温，等待两天后脱模。

配方解码

此配方的啤酒酵母取自手工酿造啤酒装瓶前的活酵母。目前手工酿制啤酒逐渐盛行，已成为一种特殊的手工制作饮品，但这种啤酒酵母的取得仍需我们多留意。啤酒酵母主要来源于啤酒发酵过程中所产生的沉淀物。酵母取出时是活跃的，若没有接触空气、糖分或者经过摇晃，它会继续沉淀，犹如在熟睡。

性质表

香皂的性质	数值(依照性质改变)	建议范围(不变)
硬度 Hardness	45	29-54
清洁度 Cleansing	19	12-22
保湿度 Condition	50	44-69
起泡度 Bubbly	19	14-46
稳定度 Creamy	26	16-48
碘价 Iodine	58	41-70
INS	155	136-165

配方应用

若读者没有硬棕榈油，可以选择用一般精制棕榈油代替，其皂化价不变。若手边没有芒果脂，可以使用 17% 的可可脂代替，它的性质会因为更改配方而改变，改变最多的是硬度与保湿度。以同比例可可脂代替芒果脂，会让硬度提高到45，保湿度降低到50，都在建议范围内。虽然芒果脂是固态油脂，但对于硬度的改变不大，反而有助于保湿度的提升。

使用油脂	百分比(%)
椰子油	28
棕榈油	10
橄榄油	35
小麦胚芽油	10
可可脂	17

性质表

香皂的性质	数值(依照性质改变)	建议范围(不变)
硬度 Hardness	45	29-54
清洁度 Cleansing	19	12-22
保湿度 Condition	50	44-69
起泡度 Bubbly	19	14-46
稳定度 Creamy	26	16-48
碘价 Iodine	57	41-70
INS	156	136-165

小贴士

啤酒制作与一般水果酿酒有着完全不同的原理与过程，手工啤酒的口味变化多，层次感丰富。啤酒是由大麦、小麦、啤酒花、黑麦等经不同比例的配方制作而成。啤酒酵母皂配方中使用的啤酒酵母是啤酒在特定的温度控制下糖化→过滤→冷却→发酵→装瓶后，剩下的沉底酵母。

▲ 咖啡色底层的就是沉淀后的啤酒酵母

◀ 发酵过程中的啤酒

未　成　年　请　勿　饮　酒

第25号

手工皂

碧海蓝天皂

Blue Ocean Soap

利用深浅颜色交互搭配与层叠，

就这样把天空叠在手心上了。

配方比例

		油量(g)	百分比(%)
使用油脂	椰子油	200	25
	硬棕榈油	120	15
	橄榄油	280	35
	精制酪梨油	176	22
	蜂蜡	24	3
合 计		800	100
碱水	氢氧化钠	117	
	水量	280	
精油	广藿香精油	5	
	苦橙叶精油	5	
	薄荷精油	6	
添加物	白珠光粉	1.5	
	蓝色色粉	1	
	蓝青黛色粉	1	
皂液入模总重		1218	

步 骤

第一步　依照冷制皂的制作步骤与过程，将皂液搅拌至接近轻微浓稠状。

第二步　继续搅拌，当皂液呈轻微浓稠状时加入精油，并搅拌均匀。

第三步　继续搅拌到浓稠状。

第四步　分锅，分别倒出皂液各200g于三个量杯中，分别调色，并搅拌均匀。

第五步　原色皂液入膜铺底。

第六步　依序分别冲入些许蓝色、白色与深蓝色皂液。

第七步　将原色皂液铺上后，中间用小刮刀或长柄汤匙轻轻画出沟槽。

第八步　重复第六至七步，直到倒完皂液。

第九步　入模保温。

第十步　等待两大后脱模。

▲ 步骤6-1

▲ 步骤6-2

▲ 步骤6-3

▲ 步骤7

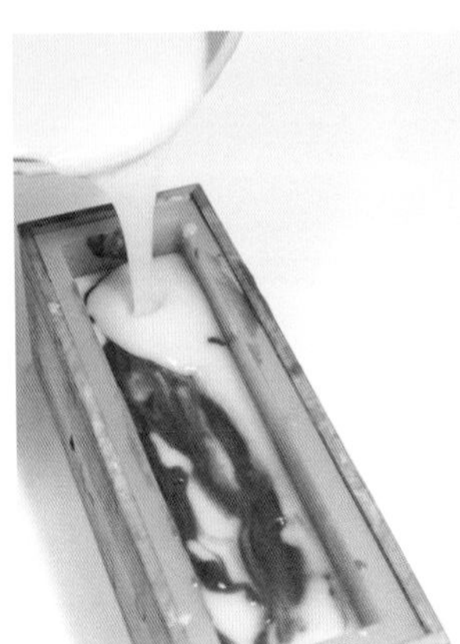

▲ 步骤8

技法说明

模具建议使用吐司模，深度够，比较好操作。皂液要在明显浓稠时入模，若变成超浓稠状入模，皂液会变成一坨一坨的，线条会不够利落和自然。若皂液浓度太稀、流动性好，就无法制作出有圆弧的形状了。

锅内的原色皂液要不时搅拌，保持皂液的流动性，减少入模时产生气泡而形成空洞。

性质表

香皂的性质	数值(依照性质改变)	建议范围(不变)
硬度 Hardness	43	29-54
清洁度 Cleansing	17	12-22
保湿度 Condition	53	44-69
起泡度 Bubbly	17	14-46
稳定度 Creamy	25	16-48
碘价 Iodine	59	41-70
INS	148	136-165

第五部分

儿童和老人适用皂款

儿童和老人适用的皂款，性质偏向保湿与抗菌。
儿童活动力强，加上抵抗力与肤质偏弱，最怕将外在环境的细菌带上身。
老人的皮肤细胞已不如年轻人活跃，肤质也变得脆弱，保湿力降低，
尤其四肢皮肤容易偏干，水分流失快。
建议使用滋润度与保湿度较高的油脂，且要注意清洁度不要偏高。

第26号

手工皂

艾草平安皂

Artemisias Soap

每逢端午节和暑假，

这款皂所用的材料是许多学员们家中不会“断粮”的材料。

配方比例

		油量(g)	百分比(%)
使用油脂	椰子油	100	20
	棕榈油	75	15
	橄榄油	165	33
	可可脂	75	15
	榛果油	50	10
	蓖麻油	35	7
合计		500	100
碱水	氢氧化钠	73	
	水量	175	
精油	罗勒精油	4	
	薰衣草精油	4	
	茶树精油	4	
添加物	艾草粉	1	
	平安粉	1	
皂液入模总重		762	

步骤

第一步　准备好所有材料，量好油脂、氢氧化钠。

第二步　将 1g 艾草粉与 1g 平安粉量好备用。

第三步　使用纯水冰块或冰纯水制作碱水。

第四步　等待碱水降温至 35℃以下，慢慢将碱水分次倒入量好的油脂中，搅拌约 20 分钟，直到皂液呈轻微浓稠状。

第五步　继续搅拌，当皂液浓度比轻微浓稠状再浓一点儿时加入精油，并搅拌均匀。

第六步　将 1g 艾草粉与 1g 平安粉分次少量逐渐放入皂液中，继续搅拌，直至浓稠状。

第七步　入模保温，等待两天后脱模。

配方解码

艾草平安皂是全家大小都适用的皂款，一方面老人和小孩在使用上需该皂款拥有良好保湿度，一方面也要顾及到青壮年人容易流汗，以及油性肌肤使用者所需要的清洁度。原则上粉类添加的量，为 500g 油量添加 1g 的粉类。在添加过程中，可先少量添加，待皂液颜色变深时，即勿再继续添加。因为粉类浓度若过高，容易出现如松糕状的龟裂。适当添加粉类有助于降低油斑的产生，亦能延长保存期。

艾草粉有两种颜色，低温艾草粉为绿色，另一种则是浅咖啡色。我喜欢使用绿色低温艾草粉，不仅可以分层，也能渲染。除了添加艾草粉或平安粉，还可以采集柠檬草、香茅，或端午节的应景植物，如菖蒲、艾草、榕枝等，用滚水煮开再小火熬煮 10 分钟即可，接着将汤汁冷却，取其汤汁溶碱后制作端午平安皂。

01 低温艾草粉　02 平安粉

性质表

香皂的性质	数值（依照性质改变）	建议范围（不变）
硬度 Hardness	39	29-54
清洁度 Cleansing	14	12-22
保湿度 Condition	57	44-69
起泡度 Bubbly	20	14-46
稳定度 Creamy	32	16-48
碘价 Iodine	59	41-70
INS	148	136-165

第27号

手工皂

温柔呵护母乳皂

Caring Breast Milk Soap

小宝宝喝不完，剩下的母乳倒掉很可惜，
将珍贵的母乳做成实用又滋润的天然手工皂，给宝宝满满的爱。

配方比例

		油量(g)	百分比(%)
使用油脂	棕榈核仁油	125	25
	棕榈油	90	18
	酪梨油	175	35
	乳木果油	75	15
	开心果油	35	7
合　计		500	100
碱水	氢氧化钠	70	
	纯水冰块	100	
	母乳冰块	100	
精油	薰衣草精油	10	
皂液入模总重		780	

步　骤

第一步　先将母乳 100g 制成冰块。

第二步　准备好所有材料，量好油脂、氢氧化钠。

第三步　将 70g 的氢氧化钠慢慢加入 100g 的纯水冰块中，制成碱水。

第四步　等待碱水降温至 30℃以下，再将母乳冰块慢慢加入碱水中，在此过程中留意温度，尽量不要超过 40℃。

第五步　检视母乳确实溶解于碱水中。

▲ 母乳冰块溶碱

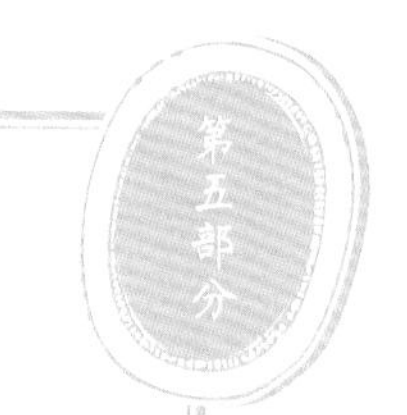

第六步　慢慢将母乳碱水分次倒入量好的油脂中，搅拌25分钟以上，在此过程中须不断检查，确保温度没有上升。

第七步　搅拌均匀，直到皂液呈轻微浓稠状。

第八步　继续搅拌，当皂液比轻微浓稠状再浓一点儿时加入精油，并搅拌均匀，直至浓稠状。

第九步　入模后盖上盖子，避免因为温度的差异，导致皂体表面形成白色皂粉。

第十步　制作母乳皂时，读者可以自行选择是否放入保温箱保温。

性质表

香皂的性质	数值(依照性质改变)	建议范围(不变)
硬度 Hardness	43	29-54
清洁度 Cleansing	16	12-22
保湿度 Condition	52	44-69
起泡度 Bubbly	16	14-46
稳定度 Creamy	27	16-48
碘价 Iodine	60	41-70
INS	141	136-165

配方解码

这几年很流行用母乳制作手工皂，洗感温和不刺激，广受使用者喜爱。使用半乳半水的方式制作碱水，既方便又不失滋润洗感，且能提高成功率，是很受学员们喜爱的一款皂。在制作过程中，要把握原则：使用冰纯水或纯水先溶解氢氧化钠，再用母乳冰块溶碱，两个阶段的溶碱方式都需要低温，且要留意：油碱混合后皂液温度也不能过高，尽量保持低温。另一种母乳皂制作方法是采用全母乳，母乳全部代替纯水制作。若选择使用全母乳，在制作母乳碱水时，需要将溶碱钢杯隔着冰块，尽量保持低温。从第三步开始，将氢氧化钠分次且少量慢慢放入200g母乳冰块中溶解，在此过程中需要耐心与细心。若一次加入太多氢氧化钠，会造成碱水温度过高而破坏母乳中蛋白质与脂肪等珍贵养分。

这款皂的硬度除了受棕榈核仁油与棕榈油比例的影响外，也可通过乳木果油来提升。单纯以性质而言，适合儿童与年纪大的长辈，由参考数值表可得知其清洁度低、保湿度好，对于皮肤较脆弱的使用者来说，不会造成负担。

配方应用

手边若没有开心果油，可以使用甜杏仁油、橄榄油、榛果油代替，这对于整体配方性质并没有太多改变，如果是大比例的改变，就需要重新检视配方的性质了。再提供另一款简单配方（如右图和下图），材料更方便取得，其滋润度与硬度稍微不同，读者们可以参考两款性质，自行选择适合的配方。

使用油脂	百分比(%)	油量(g)
椰子油	25	125
棕榈油	18	90
橄榄油	35	175
乳木果油	15	75
榛果油	7	35

香皂的性质	数值(依照性质改变)	建议范围(不变)
硬度 Hardness	42	29-54
清洁度 Cleansing	17	12-22
保湿度 Condition	54	44-69
起泡度 Bubbly	17	14-46
稳定度 Creamy	25	16-48
碘价 Iodine	57	41-70
INS	151	136-165

第28号

手工皂

玫瑰修护保湿皂

Rose Bydrating Soap

满满的滋润，浪漫的幸福。

配方比例

		油量(g)	百分比(%)
使用油脂	椰子油	100	20
	棕榈油	90	18
	橄榄油	135	27
	甜杏仁油	100	20
	榛果油	75	15
合　　计		500	100
碱水	氢氧化钠	74	
	水量	178	
超脂	玫瑰果油	10	
	小麦胚芽油	10	
精油	花梨木精油	4	
	薰衣草精油	4	
	玫瑰天竺葵精油	4	
皂液入模总重		784	

步　骤

第一步　准备好所有材料，量好油脂、氢氧化钠。

第二步　使用纯水冰块或冰纯水制作碱水。

第三步　等待碱水降温至35℃以下，慢慢将碱水分次倒入量好的油脂中，搅拌约20分钟，直到皂液呈轻微浓稠状。

第四步　继续搅拌，当皂液比轻微浓稠状再浓一点儿时加入精油，并搅拌均匀。

第五步　加入玫瑰果油、小麦胚芽油，继续搅拌均匀，直至浓稠状。

第六步　入模保温，等待两天后脱模。

配方解码

哇，好滋润的一块皂!

本配方对保湿度贡献最大的是橄榄油，再搭配以保湿度极佳的榛果油，不滋润保湿也难。不过本配方的硬度只在及格边缘，因此入模后的脱模、切皂与晾皂，千万不能操之过急，以免破坏了皂体。

在调整配方的过程中，切勿只单纯要求实现某一性质，最好将其他性质也考虑进去，避免皂体过软或是其清洁度太高。这款皂虽然硬度的数值不是很高，但是清洁度良好，对于中性或中偏干的肌肤都很适合。

本配方在油脂的搭配上主要以保湿为主，将同样具有保湿功能的花梨木精油与玫瑰天竺葵精油运用在配料之中，超脂成分也挑选了比较特殊的油品，借以保留更多养分。

此皂液搅拌时间较长，需要耐心手工搅拌，若要使用电动搅拌棒，建议在纯手动搅拌15至20分钟后再使用，因为手动搅拌能让油碱混合更完全。

性质表

香皂的性质	数值(依照性质改变)	建议范围(不变)
硬度 Hardness	32	29-54
清洁度 Cleansing	14	12-22
保湿度 Condition	64	44-69
起泡度 Bubbly	14	14-46
稳定度 Creamy	18	16-48
碘价 Iodine	69	41-70
INS	140	136-165

手工皂

金盏保湿抗敏皂

Calendula Calming Soap

美丽又高贵的金盏花是少数入皂后颜色不变的植物。

配方比例

		油量(g)	百分比(%)
使用油脂	椰子油	100	20
	棕榈油	75	15
	鸵鸟油	100	20
	金盏花浸泡橄榄油	115	23
	芥花油	85	17
	月见草油	25	5
合计		500	100
碱水	氢氧化钠	74	
	金盏花汁液	178	
精油	洋甘菊精油	12	
添加物	金盏花泥	2	
皂液入模总重		766	

步骤

第一步　先取干燥的金盏花100g，放入2kg橄榄油中浸泡一个月以上。

第二步　再取金盏花50g，放入1000ml水中煮沸，用小火继续煮约10分钟。

第三步　金盏花汁过滤后，将汁液制成冰块或冷藏。

第四步　准备好所有材料，量好油脂、氢氧化钠。

▲ 金盏花浸泡在橄榄油中

第五步　称量好178g金盏花汁液，代替纯水溶碱。

第六步　等待碱水降温至35℃以下，慢慢将碱水分次倒入量好的油脂中，搅拌约20分钟，直到皂液呈轻微浓稠状。

第七步　继续搅拌，当皂液比轻微浓稠状再浓一点儿时加入精油，并搅拌均匀。

第八步　加入金盏花泥，继续搅拌均匀，直至皂液变为浓稠状。

第九步　入模保温，等待两天后脱模。

▲ 金盏花汁液溶碱

▲ 金盏花泥入皂

配方解码

昂贵的月见草油是比较特殊的油脂，价格高，但是用量小，主要用于制作乳液与精华液。

香草添加物解码

金盏花最令人印象深刻的是它抗过敏与保湿的功效，对于问题肌肤具有舒缓功效，入皂也不会因为氢氧化钠皂化的关系而改变颜色，加上它对肌肤适用性高，在手工皂界已成为最受喜爱的植物花草添加物之一。金盏花含有丰富的矿物质、铁质与维生素，可使用简单的花草配方冲泡花草茶，对于贫血也颇有帮助。金盏花汁液溶碱时，碱水颜色呈现华丽的金黄色，做出来的皂偏浅淡鹅黄色，令人感觉十分舒爽。

香皂的性质	数值(依照性质改变)	建议范围(不变)
硬度 Hardness	35	29-54
清洁度 Cleansing	14	12-22
保湿度 Condition	60	44-69
起泡度 Bubbly	14	14-46
稳定度 Creamy	21	16-48
碘价 Iodine	76	41-70
INS	134	136-165

配方应用

此皂使用起来泡沫虽多，但持续的时间不长，若很介意泡沫的稳定性，建议将鸵鸟油的比例降低 5%，并把月见草油改成比例为 5% 的蓖麻油，这样会让保湿度、起泡度与稳定度再提升一些。

使用油脂	百分比(%)
椰子油	25
棕榈油	15
鸵鸟油	15
金盏花浸泡橄榄油	23
甜杏仁油	17
蓖麻油	5

香皂的性质	数值(依照性质改变)	建议范围(不变)
硬度 Hardness	38	29-54
清洁度 Cleansing	17	12-22
保湿度 Condition	57	44-69
起泡度 Bubbly	22	14-46
稳定度 Creamy	25	16-48
碘价 Iodine	66	41-70
INS	151	136-165

第30号

手工皂

清新金银花抗菌皂

Honeysuckle Antibacterial Soap

一圈一圈自然呈现的皂化改变，形成特别的视觉效果，
是不容错过的特殊添加物。

配方比例

		油量(g)	百分比(%)
使用油脂	椰子油	125	25
	棕榈油	110	22
	橄榄油	125	25
	米糠油	65	13
	榛果油	50	10
	蓖麻油	25	5
合　计		500	100
碱水	氢氧化钠	74	
	金银花汁	178	
精油	广藿香精油	4	
	茶树精油	4	
	柠檬香茅精油	4	
皂液入模总重		764	

步　骤

第一步　先取金银花100g，放入1000ml水中煮沸，接着以小火继续煮约10分钟。

第二步　金银花汁过滤后，冷藏或制成香草冰块备用。

第三步　准备好所有材料，量好油脂、氢氧化钠。

第四步　称量金银花汁178g代替纯水溶碱。

▲ 金银花煮汁

第五步　等待碱水降温至35℃以下，慢慢将碱水分次倒入量好的油脂中，并搅拌约20分钟，直到皂液呈轻微浓稠状。

第六步　继续搅拌，当皂液比轻微浓稠状再浓一点儿时加入精油，并搅拌均匀，直至浓稠状。

第七步　入模保温。

第八步　等待两天后脱模。

配方解码

这款手工皂的保湿度很好，加了10%的榛果油，洗感很滋润。榛果油是很适合敏感性肌肤的油脂，在配方的搭配上，比例不高的榛果油就可以做出保湿度优异的手工皂。

香草添加物解码

金银花又名“双花”“忍冬花”，是中低海拔地区及平地常见的植物，有优异的抗炎、解热、抗病毒、抗菌与增强免疫力的功效。将根、茎、花放入锅中，煮水时味道重，不好闻。当油碱混合时，变化出来的颜色呈现清新的深绿色，在视觉上令人感到很鲜艳。

栽种方法　可用扦插或分株繁殖，生长强健，适应力强，耐寒冷，喜阳光。

香皂的性质	数值(依照性质改变)	建议范围(不变)
硬度 Hardness	39	29-54
清洁度 Cleansing	17	12-22
保湿度 Condition	56	44-69
起泡度 Bubbly	22	14-46
稳定度 Creamy	25	16-48
碘价 Iodine	64	41-70
INS	149	136-165

配方应用

若想要稍微加强配方的清洁度，适合油性肌肤或夏天使用，建议将椰子油比例提高5%，把榛果油改成比例为8%的葡萄籽油，这样保湿度不变，硬度与清洁度也会提高，并能拥有葡萄籽油的清爽与甜杏仁油的保湿特性。

使用油脂	百分比(%)
椰子油	30
棕榈油	22
橄榄油	25
葡萄籽油	8
甜杏仁油	10
蓖麻油	5

香皂的性质	数值(依照性质改变)	建议范围(不变)
硬度 Hardness	41	29-54
清洁度 Cleansing	20	12-22
保湿度 Condition	55	44-69
起泡度 Bubbly	25	14-46
稳定度 Creamy	25	16-48
碘价 Iodine	61	41-70
INS	155	136-165

第31号

手工皂

香蕉牛奶滋润皂

Banana Milk Soap

这配方是必学的添加物皂款之一，

香蕉入皂滋润又实用。

配方比例

		油量(g)	百分比(%)
使用油脂	椰子油	125	25
	红棕榈油	100	20
	橄榄油	150	30
	榛果油	75	15
	蓖麻油	50	10
合　　计		500	100
碱水	氢氧化钠	75	
	水量	140	
精油	广藿香精油	4	
	甜橙精油	4	
	柠檬尤加利精油	4	
添加物	牛奶	40	
	新鲜香蕉	40	
	葡萄柚籽萃取液	1	
皂液入模总重		808	

步　骤

第一步　用果汁机或电动搅拌棒将牛奶和香蕉打成泥状后备用。

第二步　准备好所有材料，量好油脂、氢氧化钠。

第三步　使用纯水冰块或冰纯水制作碱水。

第四步　等待碱水降温至35℃以下，慢慢将碱水分次倒入量好的油脂中，搅拌约20分钟，直到皂液呈轻微浓稠状。

第五步　继续搅拌，当皂液比轻微浓稠状再浓一点儿时加入精油，并搅拌均匀，直至皂液变为浓稠状。

第六步　感觉皂液在搅拌时多了一些阻力时，将牛奶香蕉泥分次少量逐渐放入皂液中。

第七步　搅拌均匀后，滴入葡萄柚籽萃取液1g。

第八步　继续搅拌至浓稠状。

第九步　入模保温。

第十步　等待两天后脱模。

配方解码

再来一款保湿度很高、清洁度偏低的配方，它的起泡度也不错，后加的香蕉泥会增加起泡度与滋润度，所以实际使用这款手工皂的感觉是泡沫多且滋润又保湿。榛果油可防止皮肤老化，它质地清爽，能渗透肌肤的表皮层，有助于皮肤的再生，很适合油性和中性的肤质。榛果油的渗透力与延展性都优于以亲肤性闻名的甜杏仁油，在油脂的搭配中，我很喜欢把榛果油与甜杏仁油放在一起，这样可以做出很优质的洗面皂噢！

香蕉的纤维比较粗，若没充分搅拌成泥状，成皂后容易在皂体中呈现粗粗的黑线，犹如一条条细细的虫子，乍看之下怪可怕的。添加牛奶可以让红棕榈油的红色更显色，也能提升香皂的滋润度。

▲ 未将香蕉纤维搅拌成泥的成皂

性质表

香皂的性质	数值（依照性质改变）	建议范围（不变）
硬度 Hardness	36	29-54
清洁度 Cleansing	17	12-22
保湿度 Condition	59	44-69
起泡度 Bubbly	26	14-46
稳定度 Creamy	28	16-48
碘价 Iodine	62	41-70
INS	149	136-165

配方应用

如果想要增加硬度，建议将椰子油比例提高到30%，蓖麻油比例降为5%，其余不变，同样添加香蕉泥来间接弥补两者的缺陷。此配方硬度偏低，因此牛奶使用的克数建议再从水量中扣除，避免皂体脱模后过软。

使用油脂	百分比（%）
椰子油	30
红棕榈油	20
橄榄油	30
榛果油	15
蓖麻油	5

香皂的性质	数值（依照性质改变）	建议范围（不变）
硬度 Hardness	40	29-54
清洁度 Cleansing	20	12-22
保湿度 Condition	54	44-69
起泡度 Bubbly	25	14-46
稳定度 Creamy	24	16-48
碘价 Iodine	64	41-70
INS	151	136-165

第32号

手工皂

紫苏怡情舒缓皂

Perilla Soap

在日本号称延命草的紫苏，含高量的亚麻油酸，
是亚洲很普遍的药食两用香草植物，入皂后呈现的小斑点可爱极了。

配方比例

		油量（g）	百分比（%）
使用油脂	椰子油	120	24
	棕榈油	100	20
	榛果油	80	16
	澳洲胡桃油	75	15
	米糠油	100	20
	蓖麻油	25	5
合　　计		500	100
碱水	氢氧化钠	75	
	紫苏汁	160	
精油	薰衣草精油	4	
	快乐鼠尾草精油	4	
	玫瑰天竺葵精油	4	
添加物	紫苏泥	20	
皂液入模总重		767	

步　骤

第一步　准备好所有材料，量好油脂、氢氧化钠。

第二步　取新鲜紫苏叶40g，放入纯水中，使用电动搅拌棒将叶片搅成细泥状。

第三步　滤出新鲜的紫苏汁160g，将其冷藏或制成冰块备用。

第四步　紫苏泥保留20g备用。

第五步　取紫苏汁160g，代替纯水溶碱。

第六步　等待碱水降温至35℃以下，慢慢将碱水分次倒入量好的油脂中，搅拌约20分钟，直到皂液呈轻微浓稠状。

第七步　继续搅拌，当皂液比轻微浓稠状再浓一点儿时加入精油，并搅拌均匀。

第八步　将紫苏泥20g逐渐放入皂液中。

第九步　继续搅拌，直至浓稠状。

第十步　入模保温。

第十一步　等待两天后脱模。

配方解码

在芳疗界中，快乐鼠尾草精油一直以“放松”效果著称，适用于舒缓身心压力，适合与其搭配的精油有橙花精油、薰衣草精油、马郁兰精油、罗马洋甘菊精油。我喜欢用玫瑰天竺葵精油代替玫瑰精油，它除了价格比玫瑰精油便宜之外，还具有甜美的香气，做出来的皂会散发出淡淡的香味噢！

香草添加物解码

紫苏含有丰富的矿物质与维生素，具有抗炎、抗菌的作用。在家庭园艺中，紫苏很容易栽种，读者们可以尝试将它们栽种于阳台或有阳光的地方，不仅可以入皂，还能食用。

栽种方法　播种或扦插法皆可。紫苏幼苗需要遮阴，不耐高温，不需要较多的水分；当长到10厘米以后较耐热，也更好照顾。

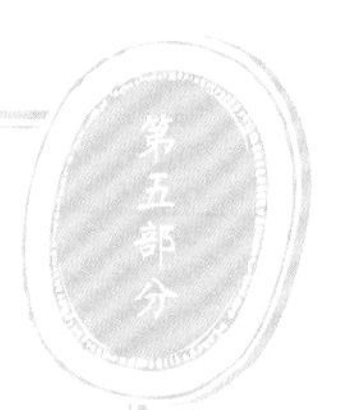

性质表

香皂的性质	数值(依照性质改变)	建议范围(不变)
硬度 Hardness	38	29-54
清洁度 Cleansing	16	12-22
保湿度 Condition	54	44-69
起泡度 Bubbly	21	14-46
稳定度 Creamy	26	16-48
碘价 Iodine	66	41-70
INS	143	136-165

配方应用

使用油脂	百分比(%)
椰子油	24
棕榈油	20
榛果油	16
芥花油	15
米糠油	20
蓖麻油	5

若想增加保湿度，另一种调整配方的方法是用甜杏仁油或芥花油代替澳洲胡桃油。

香皂的性质	数值(依照性质改变)	建议范围(不变)
硬度 Hardness	36	29-54
清洁度 Cleansing	16	12-22
保湿度 Condition	58	44-69
起泡度 Bubbly	21	14-46
稳定度 Creamy	24	16-48
碘价 Iodine	71	41-70
INS	133	136-165

第六部分

宝贝宠物也有专属皂款

家中的“毛小孩”，我们也没忘记它。
不管主人开心、难过、欢喜，它总是静悄悄地伴其左右。
宠物皂以特色配方区分，以除虫、消炎、
抗菌的配方与添加物的交互搭配为主轴。

第33号

手工皂

苦楝蓬蓬宠物皂

China Tree Pet Soap

了解油脂特性与适当比例的搭配，

长毛宠物也不怕虫虫来袭。

配方比例

		油量(g)	百分比(%)
使用油脂	椰子油	150	30
	棕榈油	125	25
	米糠油	90	18
	苦楝油	100	20
	蓖麻油	35	7
合计		500	100
碱水	氢氧化钠	72	
	水量	190	
皂液入模总重		762	

步骤

第一步　准备好所有材料，量好油脂、氢氧化钠。

第二步　使用纯水冰块或冰纯水制作碱水。

第三步　等待碱水降温至 35℃以下，慢慢将碱水分次倒入量好的油脂中，搅拌约 20 分钟，直到皂液呈轻微浓稠状。

第四步　继续搅拌，当皂液比轻微浓稠状再浓一点儿时继续搅拌均匀，直至它变为浓稠状。

第五步　入模保温，等待两天后脱模。

配方解码

苦楝油含杀虫的成分，可以驱赶虫虱与跳蚤，搭配在宠物皂中再合适不过了。长毛宠物最怕的就是闷热的天气与虫蚤类躲藏在它们的皮毛里，因此在皂液中搭配苦楝油是很合适的选择，米糠油则可让长毛宠物享受清爽的洗感。考虑到饲主清洗宠物的感受，若蓖麻油的比例高于 5% 则可以让起泡度更好。

性质表

香皂的性质	数值（依照性质改变）	建议范围（不变）
硬度 Hardness	47	29-54
清洁度 Cleansing	21	12–22
保湿度 Condition	47	44-69
起泡度 Bubbly	27	14-46
稳定度 Creamy	33	16-48
碘价 Iodine	60	41-70
INS	158	136-165

孟孟老师小叮咛

宠物皂配方以清洁度偏高、保湿度偏低为主，同时具有抗菌的效果。苦楝油味道偏重，宠物身上的跳蚤和细菌都不喜欢。

使用的油脂都属于微速浓稠的配方，搅拌的时间不会太长，在制作这款皂时一定要有心理准备，要把所有的材料、工具都准备好，才不会手忙脚乱。

第34号

手工皂

葡萄籽清爽宠物皂

Grape Seed Oil Pet Soap

让短毛宝贝也能享受沐浴乐趣，
葡萄籽油洗出清爽滋润不黏腻。

配方比例

		油量(g)	百分比(%)
使用油脂	椰子油	175	35
	棕榈油	100	20
	葡萄籽油	90	18
	米糠油	90	18
	蓖麻油	45	9
合计		500	100
碱水	氢氧化钠	77	
	水量	184	
精油	薰衣草精油	6	
皂液入模总重		767	

步骤

第一步　准备好所有材料，量好油脂、氢氧化钠。

第二步　使用纯水冰块或冰纯水制作碱水。

第三步　等待碱水降温至 35℃以下时，慢慢将碱水分次倒入量好的油脂中，搅拌约 20 分钟，直到皂液呈轻微浓稠状。

第四步　继续搅拌，当皂液比轻微浓稠状再浓一点儿时加入精油，并搅拌均匀，直至其变为浓稠状。

第五步　入模保温，等待两天后脱模。

配方解码

这款皂适合“毛小孩”在夏天使用。它的清洁度偏高，其葡萄籽油占油脂总比例的 18%，洗感清爽。但是因为葡萄籽油的泡沫不持久，所以加上蓖麻油，让整体泡沫多，提高保湿度。米糠油的比例不低，可以借由米糠油中的滋润度来平衡皂的整体性质。搅拌过程需留意浓稠速度。搭配葡萄籽油主要是希望“毛小孩”使用后可以感到清爽不黏腻。

性质表

香皂的性质	数值(依照性质改变)	建议范围(不变)
硬度 Hardness	44	29-54
清洁度 Cleansing	24	12-22
保湿度 Condition	50	44-69
起泡度 Bubbly	32	14-46
稳定度 Creamy	29	16-48
碘价 Iodine	65	41-70
INS	152	136-165

第35号

手工皂

紫草修护宠物皂

Lithospermum Erythrorhizon Pet Soap

小宝贝痒痒不会用言语告诉主人，
用具有修护功效的配方呵护亲爱的它。

配方比例

		油量(g)	百分比(%)
使用油脂	棕榈核仁油	250	50
	棕榈油	100	20
	葡萄籽油	100	20
	紫草根浸泡芥花油	50	10
合　计		500	100
碱水	氢氧化钠	74	
	水量	178	
皂液入模总重		752	

步　骤

第一步　准备好所有材料，量好油脂、氢氧化钠。

第二步　使用纯水冰块或冰纯水制作碱水。

第三步　等待碱水降温至35℃以下，慢慢将碱水分次倒入量好的油脂中，搅拌约20分钟，直到皂液呈轻微浓稠状。

第四步　继续搅拌，当皂液比轻微浓稠状再浓一点儿时继续搅拌均匀，直至浓稠状。

第五步　入模保温，等待两天后脱模。

配方解码

紫草根富含“紫草素”与“尿囊素”，紫草素释放的多与少，会让皂液颜色呈现出紫色甚至深紫黑色，尿囊素则具有抗菌、抗发炎、促进伤口愈合的效果。通过浸泡，会让基础油脂中拥有芥花油的优良保湿特性，又能获得紫草根修护、抗菌的效果。

性质表

香皂的性质	数值(依照性质改变)	建议范围(不变)
硬度 Hardness	55	29-54
清洁度 Cleansing	33	12-22
保湿度 Condition	41	44-69
起泡度 Bubbly	33	14-46
稳定度 Creamy	22	16-48
碘价 Iodine	19	41-70
INS	173	136-165

孟孟老师小叮咛

只要是植物油都可以做浸泡油，也可以使用甜杏仁油来浸泡紫草根或是其他干燥花草，只是油脂的制作成本会因此而提高噢！另外，也可以制作混合浸泡油，可随个人喜好加入2到3种干燥花浸泡于油脂中。例如，薰衣草搭配迷迭香，洋甘菊搭配玫瑰等，都会让油脂散发出不同的且具有层次感的香味，大大增加做皂乐趣。

剩余皂液应用

皂液入模后，如果将锅边的剩余皂液丢掉可惜，做渲染的皂液有时也不少，若将它们倒入造型模中随意渲染，或倒入吐司模中一层层铺平，可达到分层的效果。几锅下来，颇具创意又有美感的分层皂就完成了！

第36号

手工皂

黄昏云彩

收集哪些皂款的皂液呢？

（02）荷荷巴山茶洗发皂

（11）明亮白雪皂

（16）薰衣草珠光皂

（25）碧海蓝天皂

（31）香蕉牛奶滋润皂

第37号

手工皂

爱

收集哪些皂款的皂液呢？

（03）洋甘菊黑糖保湿皂

（12）迷迭香芬皂

（13）豆腐美人皂

（16）薰衣草珠光皂

（25）碧海蓝天皂

（29）金盏保湿抗敏皂

附录　手工实用包装教学

简单、环保、朴实的包装，可以突显出手工皂的天然手工质感，不需要特意购买华丽的包装用品，只要到书店或是美术用品店逛一下，就可以发现许多适合简单包装的宝物，亦可从生活用品着手。

单块皂包装

工　具

剪刀、美工刀、双面胶、纸胶带、胶带、包装纸、OPP包皂用亮膜、纸丝

步　骤

1. 先用OPP亮膜将手工皂包好。
2. 挑选适当大小的铝箔纸盒，裁切纸盒底部，高度以比皂体厚度多0.5cm为佳。
3. 用双面胶将包装纸包覆在纸盒外部。
4. 纸盒底部用纸丝稍微铺平，放入手工皂后，再用纸丝填满。
5. 使用OPP亮膜覆盖住纸盒四面，四周用胶带贴紧。
6. 用自己喜爱的纸胶带在对角边做装饰。
7. 完成。

多块皂包装

工　具

剪刀、美工刀、胶带、缎带、包装纸、OPP包皂用亮膜

步　骤

1　先用OPP亮膜将手工皂包好。
2　裁切可包覆住三块皂体面积的包装纸。
3　以缎带将四边拉紧，打上蝴蝶结。
4　完成。

简易甜美包装

工　具

糖果袋或饼干袋、胶带或纸胶带

步　骤

1　挑选大小适当的饼干袋或糖果袋。
2　将手工皂放入袋中。
3　封口。
4　贴上手工皂标签，避免误食。
5　完成。

Natural
Handmade Soap

图书在版编目（CIP）数据

手工皂制作全图解 / 孟孟著．— 西安：太白文艺出版社，2019.1
ISBN 978-7-5513-1551-7

Ⅰ．①手… Ⅱ．①孟… Ⅲ．①香皂—手工艺品—制作—图解 Ⅳ．① TQ648.63-64

中国版本图书馆 CIP 数据核字（2018）第 271536 号

手工皂制作全图解
SHOUGONG ZAO ZHIZUO QUAN TUJIE

作　　者　孟　孟
责任编辑　马凤霞　曹　甜
特约编辑　苏雪莹
整体设计　Metis 灵动视线
出版发行　陕西新华出版传媒集团
　　　　　太白文艺出版社（西安市曲江新区登高路 1388 号　710061）
　　　　　太白文艺出版社发行：029-87277748
经　　销　新华书店
印　　刷　北京天恒嘉业印刷有限公司
开　　本　710mm × 1000mm　1/16
字　　数　120 千字
印　　张　12
版　　次　2019 年 1 月第 1 版　2019 年 1 月第 1 次印刷
书　　号　ISBN 978-7-5513-1551-7
定　　价　46.80 元